4차산업혁명과 세라믹 산업

2021개정판

저자 비피기술거래 비피제이기술거래

(주)비피더인즈

<제목 차례>

I. 4차 산업혁명

1. 4차 산업혁명

가. 4차 산업혁명의 정의[1]

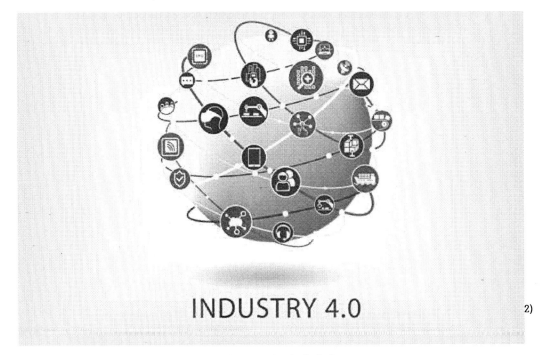

[그림 1] 4차 산업혁명

4차 산업혁명의 정의는 다양하나 다보스 세계경제포럼 회장인 클라우스 슈밥에 의하면, 4차 산업혁명이란 유전자, 나노, 컴퓨팅 등 모든 기술이 융합하여 물리학, 디지털, 생물학 분야가 상호 교류하여 파괴적 혁신을 일으키는 혁명이라고 할 수 있다.

또한 한국정보통신기술협회에 따르면 4차 산업혁명은 "인공지능, 사물인터넷, 빅데이터, 모바일 등 첨단 정보통신기술이 경제.사회 전반에 융합되어 혁신적인 변화가 나타나는 차세대 산업혁명"(한국정보통신기술협회, IT 용어사전)으로 정의된다.

이 외에도 기획재정부에서 발간한 시사경제용어사전에서 4차 산업혁명은 "기존 산업 영역에 물리, 생명과학, 인공지능 등을 융합하여 생산에서 관리 그리고 경영에 이르기까지 전반적인 변화를 일으키는 차세대 혁명"(기획재정부, 시사경제용어사전)이라고 하고 있으며, 이 밖에도 4차 산업혁명의 정의에 관한 의견은 다양하나 공통적인 키워드를 보면, '신기술', '융합', '혁명'으로 요약된다고 할 수 있다.

이처럼 4차 산업혁명은 다양하게 정의되고 있어, 4차 산업혁명과 관련된 첨단 기술 또한 학자에 따라 다양하게 나타나고 있다. 하지만, 이러한 다양한 기술속에서도 "신기술"이라는 공통점은 존재한다.

---

[1] 4차 산업혁명 주요 테마 분석 - 관련 산업을 중심으로, 박승빈, 통계청
[2] LG CNS 블로그

많은 학자들이 4차 산업혁명과 관련된 기술로 손꼽는 기술들은 자율주행차, 로봇, 인공지능, 빅데이터, 사물인터넷, 모바일, 가상현실, 블록체인, 핀테크, 드론, 3D 프린팅, 바이오 헬스, 디지털 헬스케어, 신소재, 에너지 등이 있다.

이러한 다양한 첨단 기술 중에서 본 보고서에서는 신소재에 속하는 세라믹 산업과 4차 산업 혁명에 대해 살펴보고자 한다.

나. 4차 산업혁명 관련 기술[3)

1) 빅데이터

4)

[그림 2] 빅데이터

빅데이터란, 많은 양의 데이터가 아니라 방대한 양(Volume), 다양한 종류(Variety), 빠른 데이터처리 속도(Velocity)를 특징으로 하는 데이터 및 데이터를 수집, 저장, 분석, 활용하는 기술을 뜻한다.

빅데이터를 이용하면 기존의 정보시스템이 수행하던 전통적인 통계 분석과 사람의 경험으로 수행하던 다양한 일을 방대한 데이터 분석을 통해 예측화 하거나 지능화 할 수 있다는 장점이 있다.

구분	전통적 통계 분석	빅데이터 분석
주기	일괄 처리	실시간
기법	전통적 통계	딥러닝 등 활용
활용데이터	내부 정형 데이터(Small)	내외부 정형·비정형 데이터(Big)
분석 결과	현안 분석	예측적 분석
단위	군집단위 분석(Big)	개인 단위 분석(Small)

[표 1] 전통적 분석 및 빅데이터 분석 비교

빅데이터는 한 곳에 중앙 집중되어 있는 공공데이터에 대한 접근성 확대, 기업들의 자체 데이터 누적, 데이터 처리기술의 발달 등을 토대로 해외 선도기업을 중심으로 급부상 하고 있다. 현재 미국, EU 등은 빅데이터 생태계 확대를 위한 공공데이터 개방 움직임을 확대하고 있으며, 한국 정부도 '비식별 조치 가이드라인'[5)을 제정하는 등 빅데이터 산업을 지원하고 있다.

---

3) 4차 산업혁명의 주요 신기술 적용 현황 및 시사점, 황현정, 산은조사월보
4) 가트너 블로그

빅데이터에는 빅데이터의 원천부터 수집, 저장·관리, 분석, 알고리즘 및 분석 모델의 개발 등 다양한 기술 요소가 존재한다.

구분	세부 기술	내용
빅데이터 원천	데이터베이스 확보	내·외부, 정형·비정형 데이터베이스 확보
빅데이터 수집	데이터 수집	데이터 유형 및 종류에 따라 수집
저장·관리	데이터 정제 및 저장	정형·비정형 데이터의 구분 및 정제, 저장
분석	데이터 전처리·분석	실시간 분석, AI, 통계분석 등 분석 모델 적용
활용	업무프로세스 결합	비즈니스 목적에 맞게 시각화, 리포트화 등 산출물 활용

[표 2] 빅데이터 기술 요소

현재 금융업을 포함한 대부분의 산업에서 빅데이터의 개발 및 활용이 활발하게 진행되고 있다. 특히, IT 관련 하드웨어, 소프트웨어 외에도 올바른 비즈니스 목표의 수립, 적절한 분석방법 발굴 등이 빅데이터 개발의 중요 요소로 부상하여 다양한 분야의 인력과 기업의 참여 확대가 전망된다.

또한, 초고속 인터넷의 발달로 인터넷 상에서 발생하는 정보의 양은 빠르게 증가하고 있는데, 시장조사 기관인 Statista의 조사에 따르면, 2018년 한 해 동안 발생한 정보량은 33제타바이트로, 2010년 2제타바이트가 발생한 것에 비해 무려 16.5배가 증가했다. 정보량은 지속적으로 증가하여 2025년에는 175제타바이트로 급증할 것으로 전망된다.[6]

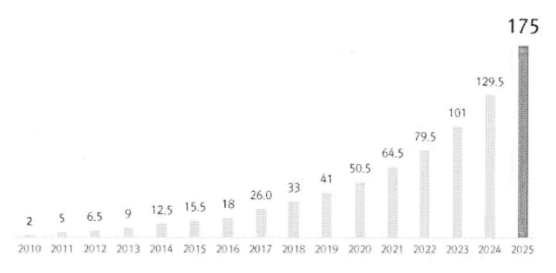

[그림 3] 연간 발생 정보량 (단위: 제타바이트)

5) 개인정보가 포함된 빅데이터의 보호와, 비식별 처리 후 자유로운 활용에 대한 가이드라인('16.6) 발간
6) 품목별 보고서-빅데이터, 글로벌ICT포털, 정보통신산업진흥원, 2019

데이터양이 증가함에 따라, 데이터를 처리하는 기술인 빅데이터 및 데이터분석 시장의 규모도 커지고 있는데, Statista의 조사에 따르면 2015년 1,120억 달러를 기록한 빅데이터 및 데이터분석 시장은 2018년 1,688억 달러까지 성장했으며, 2022년에는 2,743억 달러를 기록할 것으로 전망된다.

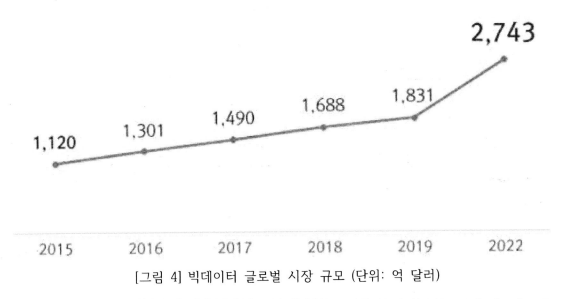

[그림 4] 빅데이터 글로벌 시장 규모 (단위: 억 달러)

빅데이터는 다양한 산업에 적용될 수 있는데, 특히 산업에서 효율성 개선, 고객 관계관리, 신규 가치 창출 등을 목적으로 적용되고 있다.

산업		활용분야
제조	자동차, 에너지	보행자·주행·교통 빅데이터 분석, 발전 운영효율 시스템
	전통제조	스마트공장, 품질·수율, 서비스 안정성 향상
서비스	금융	고객 성향 분석 마케팅 상품 판매, 신용 리스크 관리, 이상 거래 적발
	의료	개인 맞춤형 의료 데이터, 건강검진 고객 세분화
	유통·물류	물류 효율화, 고객관리·마케팅 분야 고객 성향 분석
인프라	공공	전력 수요, 예산 및 세입·세출, 안정성(재난) 등 예측
	도시·교통	교통량 예측, 교통사고 원인 파악, 소요시간 예측

[표 3] 주요 산업별 빅데이터 적용분야 예시

2) 인공지능

인공지능이란 인간의 사고능력(인지, 추론, 학습)을 모방한 기술로, 거부터 꾸준한 연구가 있었으나 큰 주목을 받지 못하다가 최근 빅데이터 기술의 급격한 발전 등으로 여건이 조성되며, 4차 산업혁명의 핵심기술로 지목되어 재조명받고 있는 기술이다.

인공지능은 현재 정부, 산업계, 금융권에서 신성장동력으로 주목을 받고 있으며, 국내 미래창조과학부·금융위를 포함해, 각국 정부가 인공지능 육성책을 발표하고 있다. 또한, IT업계를 필두로 여러 산업에서 인공지능 관련 R&D, M&A 등 투자가 확대되고 있으며 최근 은행, 증권, 보험 등 국내 금융기관들의 인공지능 도입이 급물살을 타고 있다.

인공지능 기술은 크게 학습·추론, 상황이해, 언어이해, 시각이해, 인식·인지 기술로 구분할 수 있다.

핵심기술	세부기술	설명
학습 및 추론	지식 표현	분석된 지식을 컴퓨터가 이해할 수 있는 언어로 표현
	지식 베이스	전문지식, 문제해결 방법 등을 데이터베이스로 구축·관리
상황이해	감정 이해	인간의 기분과 감정을 인식, 구분
	공간 이해	시공간의 정확한 인지, 3차원 세계를 변형
	협력 지능	타 개체와 교류, 이해, 해석, 대처
	자가 이해	자기 자신의 개성과 심리적 특성을 인지하고 이해
언어이해	자연어 처리	인간의 언어를 형태소 분석, 개체명 인식, 의미 분석
	질의 응답	질문에 대해 상황에 맞는 적절한 답변을 제시
	음성 처리	디지털 음성신호를 컴퓨터에서 처리가능한 언어로 변환
	자동 통번역	한 언어에서 다른 언어로 자동 번역, 통역
시각이해	내용기반 영상검색	영상 데이터의 특징을 추출해 색인과 검색을 수행
	행동 인식	동영상에서 움직이는 사물의 행동 인식
	시작지식	영상 데이터로부터 지식정보를 추출·생성
인식 및 인지	휴먼라이프 이해	인간의 생활을 이해하고 일상생활에 지능적 도움 제공
	인지 아키텍쳐	인지심리학 관점에서 인간의 마음구조를 컴퓨터 모델화

[표 4] 인공지능 기술의 분류체계

IDC에 따르면 세계 인공지능 시장규모는 매년 성장하여 2023년 약 980억달러(약 11.8조원)에 이를 것으로 추정된다.[7] TechNavio에 따르면, 전 세계 인공지능 시장은 2018년 234억 2,200만 달러에서 연평균 성장률 33.41%로 증가하여, 2023년에는 989억 6,600만 달러에 이를 것으로 전망된다.

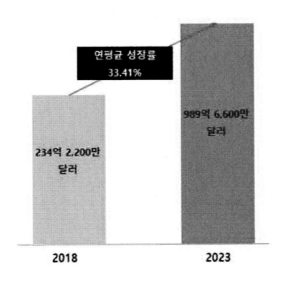

[그림 5] 글로벌 인공지능 시장 규모 및 전망

최근 제조업, 서비스업, 공공·인프라 등 다방면에서 기존 상품·서비스의 고부가가치화 및 신시장 창출을 위해 인공지능 접목이 확대되고 있으며 특히 ICT 융합에 기반한 미래 성장산업에서 인공지능의 역할이 강조되고 있다. 이에, 전 세계 인공지능 시장은 최종사용자에 따라 소매, 은행, 제조업, 헬스케어 산업, 기타로 분류된다.

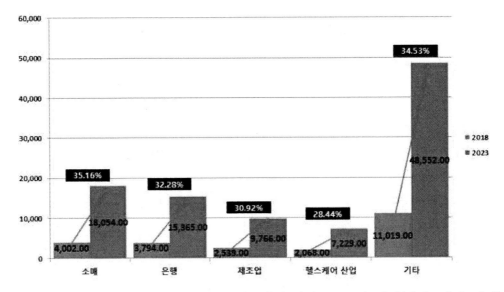

[그림 6] 글로벌 인공지능 시장의 최종사용자별 시장 규모 및 전망(단위: 백만 달러)

7) 인공지능의 시대, 우리는 무엇을 준비해야 하나, KISTEP 수요포럼, 2020.04.29

소매는 2018년 40억 200만 달러에서 연평균 성장률 35.16%로 증가하여, 2023년에는 180억 5,400만 달러에 이를 것으로 전망되며, 은행은 2018년 37억 9,400만 달러에서 연평균 성장률 32.28%로 증가하여, 2023년에는 153억 6,500만 달러에 이를 것으로 전망된다. 제조업의 경우 2018년 25억 3,900만 달러에서 연평균 성장률 30.92%로 증가하여 2023년에는 97억 6,600만 달러에 이를 것으로 전망되며, 헬스케어 산업은 2018년 20억 6,800만 달러에서 연평균 성장률 28.44%로 증가하여, 2023년 72억 2,900만 달러에 이를 것으로 전망된다.

전 세계 인공지능(AI) 시장을 지역별로 살펴보면, 2018년을 기준으로 북미 지역이 59.50%로 가장 높은 점유율을 차지하였고, 유럽 지역이 15.14%, 아시아-태평양 지역이 12.37%, 남미 지역이 7.53%, 중동-아프리카 지역이 5.46%로 나타났다.[8]

산업		활용분야
제조	가전	가정용 항온·항습시스템, 도난·화재 감시시스템
	자동차, 에너지	자율주행자동차, 스마트그리드
	전통제조	스마트공장, 개인 맞춤형 제품생산
서비스	금융	통계·예측, 고객 응대, 준법감시, 심사·평가, 트레이딩·투자
	의료	자율 건강진단 및 관리, 전염병 확산경로 예측, 수술 로봇
	유통·물류	자율 화물배송, 무인화물선, 드론, 창고관리 로봇
	문화·관광	자동 통번역, 무인콜센터, 관광 가이드 로봇
인프라	농업	농산물 출하량 및 병충해 발생 예측, 농작업 자동화
	도시·교통	안전관리 가로등, 환경오염 모니터링, 교통·기상 예측
	공공	전력, 수도, 가스 자동조절, 발전소 등 인프라 이상 감지

[표 5] 주요 산업별 인공지능 적용분야 예시

---

[8] 인공지능(AI) 로봇 시장, 연구개발특구진흥재단, 2020.02

3) 모바일

모바일은 정보통신기술에서 이동 중 사용이 가능한 컴퓨터 환경을 의미하며, 일반적으로는 사람이 휴대하면서 사용할 수 있는 스마트폰, 태블릿 PC 등 소형 전자기기 및 이를 통해 제공되는 서비스 등을 의미한다.

모바일은 기술개발 초기 입력, 디스플레이, 전력공급 기능 등이 취약했으나, 최근 데이터 저장, 배터리, 휘어지는 플렉시블(Flexible) 디스플레이, 사람의 몸에 착용하는 웨어러블(Wearable) 컴퓨팅 기술의 발달 등으로 한계를 극복하고 있다.

모바일 기술은 콘텐츠, 애플리케이션·소프트웨어로 구성되는 서비스, 소프트웨어와 하드웨어로 구성되는 시스템, 통신네트워크로 계층화를 할 수 있다. 하지만, 최근 신기술의 등장으로 각 계층의 범위가 넓어지고 이종기술 간 융합 확대로 각 계층 간 경계가 모호해지는 추세를 보이고 있다.

모바일 기술 중, 하드웨어(휴대폰, 부품 제조사 등)와 통신네트워크(이동통신사업자)는 독자적 사업자가 존재하는 영역으로, 금융업을 비롯한 타 산업의 기업들과 소비자(개인, 기업)는 모바일 서비스의 개발·이용에 초점을 맞추고 있다.

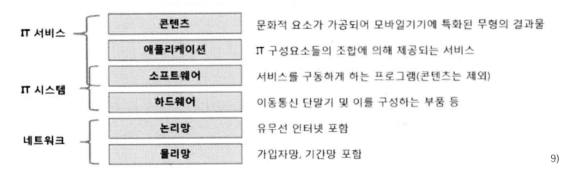

[그림 7] 모바일 기술의 계층구조

2020년 전 세계 스마트폰 보급대수는 35억대로 세계 인구의 44.9%가 스마트폰을 사용하고 있다. 비록, 코로나 19로 인해 스마트폰 글로벌 시장 출하량은 10%가량 줄어든 것으로 전망되지만, 재택근무의 확대로 인해 태블릿피시 시장이 급성장했다. 스트래티지 애널리틱스에 따르면 2020년 3분기 전 세계 태블릿피시 시장은 5,060만 대로, 전년 동기 대비 33% 증가했다. 이는 역대 최고의 분기 성장률이라고 할 수 있다.[10]

기업은 모바일 기술 적용을 통해 근로자의 생산성 향상, 거래비용 절감, 불필요한 자료 관리를 해소할 수 있으며, 생산·공급·분배 효율성 제고, 소비자 만족 증대, 기업 경쟁력 및 영업기회 향상 등의 목적을 달성할 수 있다.

---

9) 정보통신정책연구원('09.12) 등을 참고하여 작성
10) 스마트폰 시장 축소됐지만, 웨어러블·태블릿 큰폭 성장, 한겨레, 2020.11.04

제조·서비스·인프라 등 산업계의 모바일서비스 적용 유형은 적용 난이도에 따라 기본 거래(구매, 뱅킹 등), 부가서비스 제공(광고, 정보 수집·가공 등), 거래 지원(인증·결제, 유통 등), 기업혁신(연구개발, 생산, 마케팅 등)으로 구분할 수 있다. 특히 국내 제조업의 경우 생산, 구매·조달 관리, 협력사 관리, 마케팅, 소비자 지원, 사무 등 전사적으로 모바일 기술의 적용이 활발히 이루어지고 있다.

분야	적용예시
생산	실시간 생산현장 모니터링, 생산설비 원격 검침
구매·조달 관리	재고 관리 및 배달 상황 등 물류 정보 제공
협력사 관리	협력사 앞 실시간 모바일 수주·발주 시스템 구축
마케팅	목표고객 앞 실시간 모바일 광고
소비자 지원	본인 인증 및 결제 등 구매 지원, 상품 및 생활정보 제공
사무	결제처리 효율화, 모바일 인트라넷 구축·활용

[표 6] 일반 제조업의 모바일 적용분야 예시

11)

---

11) 정보통신정책연구원('09.12), 대한상의('15.10) 등을 참고하여 작성

4) 클라우드

클라우드란, 네트워크상의 서버에 모여 있는 데이터, 컴퓨팅 인프라를 이용하여 데이터의 저장부터 정보처리까지 수행할 수 있는 기술을 뜻한다. 클라우드에서 컴퓨터 및 정보기기는 네트워크 접속 역할을 하며, ICT 기능들은 소유하지 않고 빌려 쓰는 개념으로 유연성, 경제성, 효율성 등 다양한 강점을 보유하고 있다.

특징	설명
유연성	수요 변화에 따라 컴퓨팅 자원을 할당하여 유연하게 이용 가능
경제성	사용된 자원에 대해서만 비용 지불하며, 구축·유지·보수 비용 저렴
효율성	데이터 등 IT자원 공동화로 효율성 및 유출 방지 용이
신속성	신속한 구현이 가능하여 구축 시간의 단축 가능
편의성	인터넷 접속을 통해 시간, 장소 등의 제약 없이 이용

[표 7] 클라우드 주요 특징 [12]

클라우드가 AI, 빅데이터, IoT 등 새로운 ICT 기술을 실현시킬 수 있는 인프라로 부상하면서 아마존, 구글 등 글로벌 SW기업, 이동통신사, 장비업체 등에서 적극적인 투자를 앞세워 주도권 경쟁 중이며, 선도 기업들이 위치한 미국시장을 중심으로 발전 중에 있다. 현재 국내에서도 정부가 '클라우드 발전법'[13]을 제정하여 클라우드 선도국가로의 발전을 도모하고 있다.

클라우드에는 하나의 시스템에서 다수의 운영체제를 동시에 가동시킬 수 있는 가상화 기술, 대규모 데이터의 분산처리 기술, 서버에 주요 정보가 저장됨에 따른 보안 및 프라이버시 기술 등 다양한 기술 요소가 존재한다.

세부 기술	설명
가상화	하나의 자원을 여러 자원처럼 이용할 수 있는 기술
분산처리	대규모의 서버환경에서 대용량 데이터의 분산 처리기술
보안·프라이버시	방화벽, 침입방지 기술, 접근권한 관리 기술
오픈 인터페이스	사용자가 직접 프로그램의 기능을 확장하고 변경할 수 있는 시스템

[표 8] 클라우드 주요 기술 [14]

---

12) 금융보안원('16) 등을 참고하여 작성
13) 클라우드 산업 육성을 위한 정부지원, 산업 발전의 장애요소인 기존 규제 개선, 이용자 보호근거 마련으로 안전한 서비스 이용 환경 조성 등을 골자로 제정됨('15.3 제정)
14) 한국정보통신기술협회('16), 한국산업기술진흥원('11) 등을 참고하여 작성

가트너의 통계에 따르면, 세계 퍼블릭 클라우드 시장은 2019년 2427억 달러에서 2020년 6.3% 성장해 총 2579억 달러를 기록할 전망이다. 시드 나그(Sid Nag) 가트너 연구부총장은 "코로나19 팬데믹 선언 이후, 초기에는 몇 차례 흔들림이 있었지만, 결국 클라우드는 본래 의도했던 대로 업계에 많은 영향을 미쳤다"고 분석한바 있다.

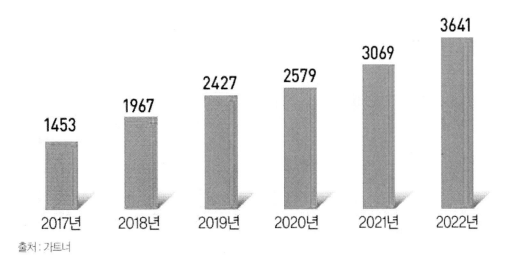

[그림 8] 세계 클라우드 시장 규모 (단위: 억 달러/년)

국내 클라우드 시장은 2019년 2조3427억 원에서 2020년 2조7818억 원, 2021년 3조2400억 원, 2022년 3조7238억 원까지 급성장할 전망이다. 국내시장은 IaaS시장의 비중이 가장 높은 가운데 SaaS 시장, PaaS 시장 순으로 비중을 형성하고 있다. 반면, 글로벌 시장은 SaaS 시장의 비중이 가장 높은데, 그 이유는 IaaS/PaaS 시장이 어느 정도 성숙되어 있고 SaaS 시장의 수익성 및 확장성이 다른 시장에 비해 높기 때문이다.[15]

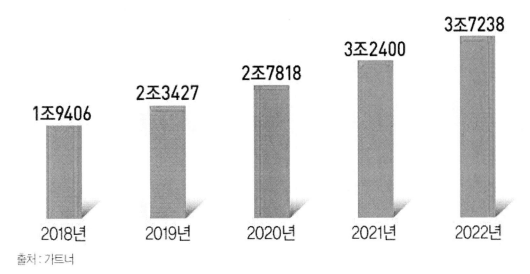

[그림 9] 국내 클라우드 시장 규모 (단위: 억 원/년)

---

15) 포스트 코로나 시대, 클라우드의 부상, 코스콤 리포트, 2020.09.11

클라우드는 기존 IT 시스템의 클라우드 전환부터, 새로운 비즈니스 모델의 창출, 경영의 혁신, 고객 만족도 제고 등을 목적으로 산업 전반에 활발히 도입 중에 있다.

분야		적용예시
제조	자동차	차량/주행/운전자 상태관리 시스템, 홈 네트워크 제어 시스템
	전통제조	고객관리, 자원관리 시스템, 그룹웨어 시스템, 지식관리 시스템
서비스	금융	금융상품 개발 및 리스크 관리(클라우드 기반 데이터 분석), 업무 환경 가상화
	의료	통계데이터 기반 의료기관 리포트 서비스, 진료기록 관리
	문화	클라우드 기반 동영상 스트리밍 서비스 및 과금 시스템
	유통	백화점 매장연결, 사전 결재 후 오프라인 수령 등 O2O 서비스
인프라	공공	업무환경의 가상화, 망분리(사이버 공격 및 정보유출 예방)
	도시·교통	항공사 운항 관리 시스템, 클라우드 교통 전산 시스템

[표 9] 주요 산업별 클라우드 적용분야 예시

16)

---

16) 언론보도, 미래창조과학부('16), KB금융지주경영연구소('15) 등을 참고하여 작성

5) 사물인터넷

사물인터넷은 사물 간(사물과 사물, 사물과 사람) 공간 연결망을 의미하며, 정보통신 기술로 사물 간 양방향 통신을 구현하여 사용자에게 사물 관련 고부가가치 복합 서비스(센서 등으로 수집된 데이터 연계)를 제공한다.

최근 IoT를 이용한 스마트홈[17]과 스마트팩토리가 주목을 받고 있으며, 이 외에도 비용절감, 생산효율성 상승을 통해 4차 산업혁명 도래에 일조하고 있다. 또한, 정보통신과 전자기기 관련 기술의 발전으로 IoT 도입이 확산되고 있으며 여러 분야의 IoT를 융합하여 활용성이 높아지면서 투자가 확대되고 있다.

IoT 주요 기술은 ① 센서기술, ② 유무선 통신 및 네트워크 기술, ③ 데이터 공유플랫폼 기술, ④ 단말기(Device) 기술로 구성되어 있다.

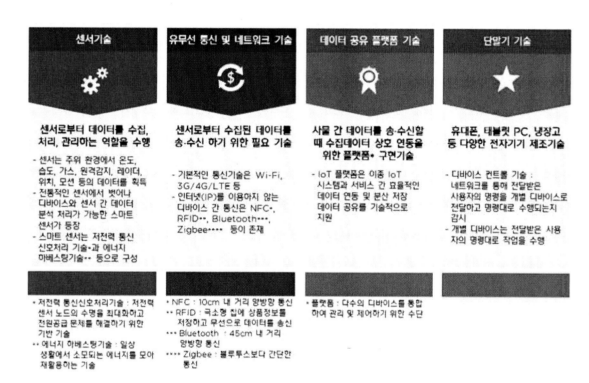

[그림 10] 사물인터넷 기술 구성요소

IoT는 4차 산업혁명과 관련하여 스마트팩토리 관련 분야 성장이 기대되고 있다. 스마트팩토리 확대로 전 세계 IoT 시장은 2015년 1,311조원에서 2020년까지 연평균 20.3% 성장하여 3,304조원으로 확대가 예상되며, 국내 IoT 시장은 2015년 40조원에서 2020년 99조원으로 성장 예상되며, 국내 시장규모는 전 세계 규모 대비 3% 수준에 불과한 현황이다.

---

17) 주택 내·외부 기기의 연결로 제공되는 지능형 홈서비스를 의미

IoT Analytic Research에 따르면 전세계 IoT 시장 규모는 2017년 1100억 달러에서 2025년 1조 5,670억 달러로 연평균 성장률 39.4%로 증가할 것으로 전망된다.

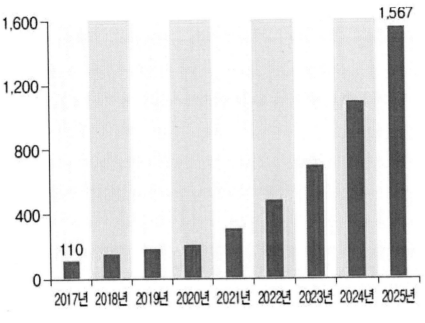

[그림 11] IoT 시장 전망

IoT 5대 활용 분야의 비중을 살펴보면 스마트팩토리(17%)가 스마트시티(23%)에 이어 높은 비중을 차지하고 있으며, 커넥티드 빌딩(12%), 커넥티드 자동차(12%), 스마트에너지(10%) 순으로 높게 나타났다.[18]

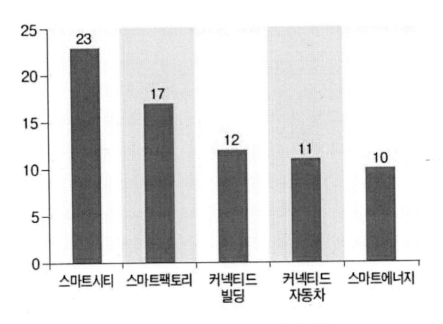

[그림 12] IoT 5대 활용 분야별 비중

---

18) 제조용 IoT, KISTEP 기술동향브리프, 한국과학기술기획평가원, 2020

사물인터넷은 주로 전통제조 공장에 적용하여 비용절감 및 생산효율화를 시도하거나, 소비자들이 보유한 모바일 디바이스를 이용하여 마케팅 등에 활용되고 있다. 현재, 여러 산업에서 IoT를 활용하고 있으며, 금융권에서는 소매점포 전시, 구매, 홍보 등에 주로 활용하고 있다.

산업		활용 분야
제조	전통제조	공장 내 생산, 유지보수, 재고 최적화 및 안전사고 예방 등
	자동차	자동차 유지보수, 보험 등
서비스	금융	소매점포 전시·구매·홍보, 지능형통합시스템 등
	유통·물류	택배 물류운송 최적화, 자율주행, 네비게이션 등
	회사	직장 내 직원관리, 훈련, 에너지관리, 보안 등
인프라	집	가정 내 에너지관리, 보안, 안전 및 건강, 질병 관리 등
	도시	도시 공공 안전, 보건, 교통통제 등 [19]

[표 10] 주요 산업별 사물인터넷 활용 분야 예시

19) McKinsey, European Commission('15) 등을 참고하여 작성

6) 블록체인

블록체인은 거래정보를 기록한 원장 데이터를 중앙 서버가 아닌 참가자가 공동으로 기록하고 관리하는 기술로, 분산처리와 암호화 기술을 동시에 적용하여 높은 보안성을 확보하는 한편 거래과정의 신속성과 투명성을 특징으로 한다.

블록체인은 높은 보안수준, 시스템 구축 및 데이터관리비용 절감, 결제비용 절감 등의 필요성이 증가함에 따라 블록체인기술 적용에 대한 요구가 확대되고 있다. 특히 해킹에 대한 보안 위험이 갈수록 높아지는 상황에서 금융시스템의 안정성 확보는 중요한 문제로 대두되고 있으며, 기존의 복잡한 금융거래망을 이용하기보다 관련기관 간의 별도 블록체인 구축을 통해 상호간의 거래 신뢰성 확보 및 거래비용 절감이 가능해 큰 주목을 받고 있다.

블록체인의 주요 기술은 ① 공개키 암호화 기술[20], ② 해시 암호화 기술[21], 생성된 블록의 변조가 어려운 ③ 분산처리구조 등의 기술로 구성되며 해킹에 대한 보안성이 높다. 특히 분산처리구조 기술은 기존의 중앙집중형 거래시스템을 대체함으로써 거래단계에 내재되어 있는 비효율성을 축소시키는 기술이다.

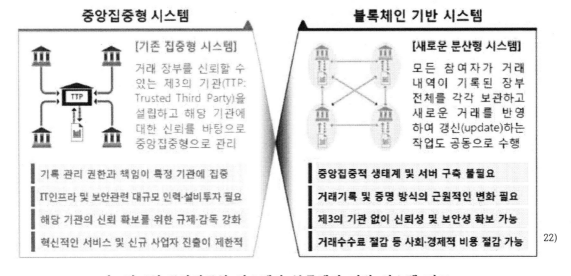

[그림 13] 중앙집중형 시스템과 블록체인 기반 시스템 비교

기존 금융기관들은 블록체인 기술 도입을 확대하며 보안시스템 구축 및 데이터베이스 관리비용 절감 등에 나설 것으로 예상된다. 특히, 블록체인 기술 활용으로 기대되는 금융업계의 비용 절감분은 2022년 약 150~220억 달러에 달할 것으로 추정된다. [23]

---

20) 비대칭키를 사용하여 암호화와 복호화를 수행하는 암호기법, 공개키로 암호화시키고 개인키로 복호화시킴
21) 해시함수(hash function)는 주어진 입력자료를 고정된 출력값으로 변환시키는 함수로서 역함수가 존재하지 않음
22) KPMG(2016.9)
23) Santander InnoVentures, Oliver Wyman and Anthemis Group(2015), "The Fintech 2.0 Paper: Rebooting Financial Services"

블록체인 기술을 기반으로 참여자 간 신뢰거래가 가능해짐에 따라 기존 금융시스템을 통하지 않는 다양한 형태의 거래가 활성화될 전망이다. 특히, 거래자 간 결제에 대한 신뢰가 보증됨에 따라 다양한 블록체인[24] 형태별로 참여자 간 거래가 보다 활발해질 것으로 예측된다.

거래 형태는 기존의 화폐에서 전기, 연료 등의 에너지와 에어비앤비, 우버와 같은 개인 간 서비스 등 다양한 형태로 확대 예상된다.

사물인터넷(IoT)의 발달로 인하여 제조 및 유통 분야에 대한 정보보안의 필요성이 증가함에 따라, 블록체인 기술은 보안을 바탕으로 한 다양한 정보의 유통을 촉진시킬수 있을 것으로 보인다.

산업	활용분야
제조업	생산자는 공급사슬상의 전 지점에서 제품 이력을 추적할 수 있고, 이를 통해 구매자별 구매성향 등을 파악
	블록체인에서 공유되는 개인정보는 익명으로 처리되기 때문에 개인정보의 유출 없이 소비자 맞춤형 마케팅전략 수립이 가능
유통업	제품의 생산·유통·판매 전 과정에서 발생하는 데이터는 제품의 최초생산자부터 최종소 비자에 이르는 모든 참여자들에게 제공
공공서비스	토지·주택·차량관리, 선거 및 투표관리, 의료정보관리 등 다양한 공공서비스 영역에 블록체인 기술을 적용

[표 11] 주요 산업별 블록체인 활용 분야 예시

25)

---

24) 블록체인은 참여범위나 접근권한에 따라 불특정 다수에게 공개되는 퍼블릭 블록체인(public blockchain), 소수의 참여자에게만 공개되는 하이브리드형 블록체인(hybrid blockchain), 프라이빗 블록체인(private blockchain)으로 분류
25) KPMG('16.9) 자료를 활용하여 재작성

II. 4차 산업혁명과 세라믹 산업

2. 4차 산업혁명과 세라믹 산업[26]

'4차 산업혁명' 시대가 오며 제조 패러다임이 전환되었으며 이와 함께 제조업의 근간인 세라믹산업 또한 함께 변화의 바람을 맞이하고 있다. 주요 선도국들은 경쟁에서 우위를 차지하기 위해 세라믹 소재 개발 및 공정을 혁신하기 위해 온 힘을 다하고 있다.

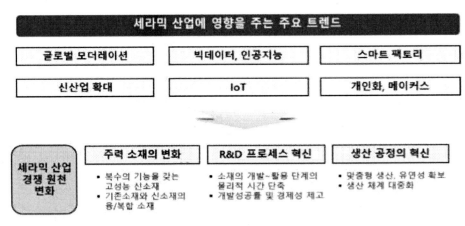

[그림 13] 4차 산업혁명과 세라믹산업의 트렌드

특히 주력소재 적용 분야가 확대되며 세라믹 핵심소재 또한 자동차, 조선, 전자, 기계와 같은 기존 주력산업에서 스마트 자동차, 로봇, 3D 프린팅 등 신성장산업으로 적용 분야가 확대되고 있으며 확대 속도 또한 빨라지고 있다.

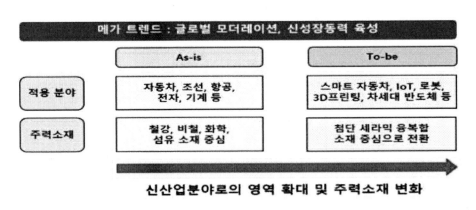

[그림 14] 주력소재 변화와 세라믹 산업

최근 '빅데이터'가 다양한 산업 분야에서 높은 활용도를 보이고 있다. 이는 세라믹 산업에서도 마찬가지로, 빅데이터 기반 스마트 연구시스템이 구축되면서 세라믹 소재 연구개발 단계에 있어 마일스톤 점검 및 의사결정 역할의 인공지능이 사용될 전망이다. 특히, 빅데이터 알고리즘을 기반으로 인공지능이 동작하기 때문에 연구 단계의 절차적 효율화 및 판단의 정확성이 극대화 될 것으로 보인다.

---

26) 4차 산업혁명 대응 세라믹산업 발전방한 수립 연구, 한국세라믹기술원, 2017.07

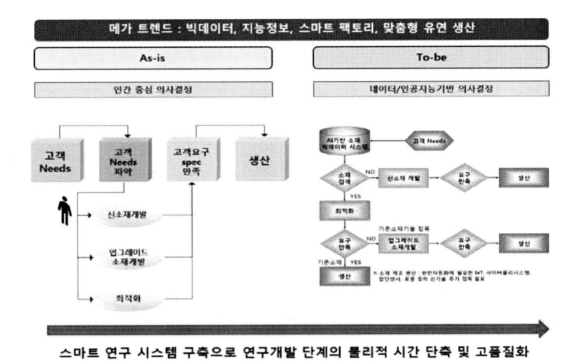

[그림 15] R&D혁신과 세라믹산업

4차 산업혁명의 큰 기술 중 하나인 3D 프린팅 기술 적용이 확대되면서 소품종 맞춤 생산이 요구되고 있다. 이처럼 다양한 고객의 요구를 만족시킬 수 있도록 제조공정의 경제성 및 유연성 확보가 필요할 것으로 보인다.

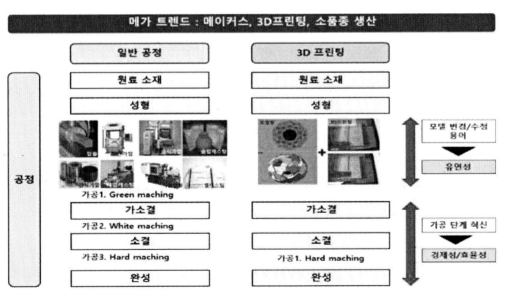

[그림 16] 생산 공정 혁신과 세라믹 산업

가. 세라믹이란?[27]

　세라믹이란 광물에 열을 가해 만든 비금속 무기재료로 물리적·화학적 처리 및 고온 가공을 통해 내열성, 내마모성, 절연성 등이 우수하다. 세라믹은 전자기적 특성, 전기적 특성, 광학적 특성, 열적 특성, 기계적 특성, 화학적 특성, 생체적 특성 등 타소재보다 탁월한 특성 또는 유일한 특성 보유하고 있다.

　세라믹은 전자세라믹, 에너지·환경 세라믹, 바이오 세라믹, 엔지니어링 세라믹, 전통세라믹으로 크게 분류되며, 다양한 분야에 활용되고 있다.

　전자세라믹은 휴대폰, 디스플레이 등 전자·정보 통신용 핵심소재로 주로 사용되며, 에너지·환경 세라믹은 에너지 생산·절감·저장 및 환경정화·촉매용 소재로, 바이오 세라믹은 인공장기, 생체인식·진단, 뷰티케어용 소재로 사용된다. 또한, 엔지니어링 세라믹은 자동차, 기계 우주항공 등에 활용되는 부품소재로, 전통세라믹은 도자기, 시멘트, 유리 등 일상생활 전반에 활용되는 소재이다.

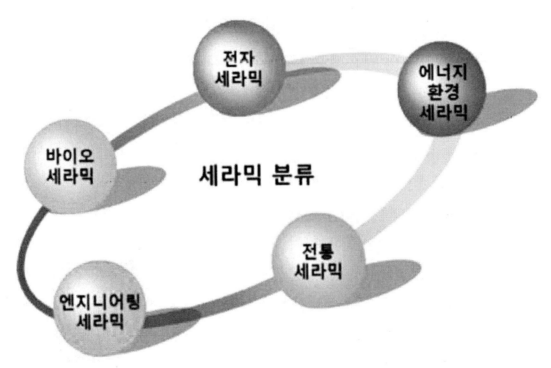

[그림 17] 세라믹의 분류

27) 2016 세라믹 기술백서, 한국세라믹기술원, 2016.11

세라믹 분류	활용분야
전자세라믹	산화물 반도체, 투명 디스플레이, 초소형 세라믹콘덴서, LED 조명, 로봇용 첨단 센서, 고감도 기상장비 등
에너지·환경 세라믹	차세대 단결정 기판, 산화물 연료전지, 에너지 하베스팅, 초경량 단열·불연패널, 그린 액티브 세라믹 필터, 스마트 유리 코팅막 등
바이오 세라믹	암세포 분석기, 심장 박동기, 초소형 생체센서, 질병진단용 바이오칩, 세라믹 인공관절, 조직재생 등
엔지니어링 세라믹	항공우주용 내화단열재, 가스터빈 내열코팅, 반도체 공정, 세라믹 절삭공구, 개인방호용 방탄 등
전통 세라믹	숨쉬는 타일, 친환경 시멘트, 광학렌즈 유리, 진공 단열재, 고강도 경량 도자기, 디지털 프린팅 도판 등

[표 12] 세라믹 분야별 활용 분야

① 전자세라믹 활용분야

전자세라믹은 산화물 반도체, 투명 디스플레이, 초소형 세라믹콘덴서, LED 조명, 로봇용 첨단센서, 고감도 기상장비 등 전자·정보통신 분야에 활용되고 있다.

활용 분야		주요 내용
산화물 반도체		- Flexible IT제품 등 첨단제품의 핵심 - 고속 정보처리 가능 소재
투명 디스플레이		- 초슬림 디자인·편리성 제공 - 높은 투명성·강도 및 얇고 가벼움
초소형 세라믹콘덴서		- 첨단제품의 초슬림화 구현 - 전류의 안정성 및 회로 노이즈 제거
LED 조명		- 초절전·친환경 조명 실현 - 환경 친화형, 에너지 절감 소재
로봇용 첨단센서		- 극미세·초정밀 센서 구현 - 내열성, 고강도·내마모성 우수
고감도 기상장비		- 고감도·고정밀 기상관측 실현 - 관측 신뢰성 및 장비 내구성 향상 [28]

[그림 18] 전자세라믹 주요 활용 분야

---

28) 2016 세라믹 기술백서, 한국세라믹기술원, 2016.11

② 에너지·환경 세라믹

에너지.환경 세라믹은 차세대 단결정 기판, 산화물 연료전지, 에너지 하베스팅, 초경량 단열.
불연패널, 그린 액티브 세라믹 필터, 스마트 유리 코팅막 등에 활용된다.

활용 분야		주요 내용
차세대 단결정 기판		- 고성능, 극소형 디바이스 구현 - 전력반도체 및 광전소자용 고효율 판소재
산화물 연료전지		- 친환경 고효율·대체에너지 실현 - 기존 화석연료 대체로 CO_2 무방출
에너지 하베스팅		- 에너지 절약 및 친환경 에너지 구현 - 폐열·체온·진동 등을 전기로 변환
초경량 단열·불열 패널		- 에너지 절감·화재예방 실현 - 단열 극대화 및 화재위험 제거
그린 액티브세라믹 필터		- 환경오염 개선 및 수자원 확보 - 오염물질 차단 및 해수의 담수화 탁월
스마트 유리 코팅막		- 에너지효율 극대화·편리성 구현 - 유리위에 코팅으로 디스플레이 기능 [29]

[그림 19] 에너지·환경 세라믹 주요 활용분야

③ 바이오 세라믹

바이오 세라믹은 암세포 분석기, 심장 박동기, 초소형 생체센서, 질병진단용 바이오 칩, 세라
믹 인공관절, 조직재생 등에 활용된다.

활용 분야		주요 내용
암세포 분석기		- 빠르고 편리한 진단시스템 구현 - 암세포 분석용 자성나노입자소재
심장 박동기		- 초소형 심장박동기 구현 - 생체 친화성 인공장기(소형·경량)
초소형 생체센서		- 실시간 의료진단 구현 - 체내 부작용 제거(생체이식 가능)
질병진단용 바이오 칩		- 질병의 조기진단 현실화 - 유전자 진단의 정확도 및 속도 향상
세라믹 인공관절		- 영구적 대체관절 실현 - 부식·침식 방지, 고강도소재
조직재생		- 건강한 삶, 웰니스 실현 - 조직재생 효율 증진 및 치료기간 단축 [30]

[그림 20] 바이오 세라믹 주요 활용분야

---

29) 2016 세라믹 기술백서, 한국세라믹기술원, 2016.11

④ 엔지니어링 세라믹

엔지니어링 세라믹은 항공우주용 내화단열재, 가스터빈 내열코팅, 반도체 공정, 세라믹 절삭공구, 개인방호용 방탄 등에 활용된다.

활용 분야		주요 내용
항공우주용 내화단열재		- 극한환경용 초내열 소재 구현 - 불연성·내열성 우수한 초고온 소재
가스터빈 내열코팅		- 발전설비의 고효율성 구현 - 열전달 차단으로 가스터빈 작동온도 향상
반도체 공정		- 나노반도체 공정 구현 - 플라즈마 내화학성 매우 우수
세라믹 절삭공구		- 기계부품 정밀절삭 및 가공 가능 - 우수한 고온 경도 및 고강도·내마모성
개인방호용 방탄		- 착용 편의성 및 임무 수행력 증진 - 다발성 총탄공격 방어 우수 [31)

[그림 21] 엔지니어링 세라믹 주요 활용분야

⑤ 전통 세라믹

전통 세라믹은 숨쉬는 타일, 친환경 시멘트, 광학렌즈 유리, 진공 단열재, 고강도 경량 도자기, 디지털 프린팅 도판 등에 활용된다.

활용 분야		주요 내용
숨쉬는 타일		- 에너지소비 없이 최적 실내환경 조성 - 자동습도조절 및 실내 공기정화
친환경 시멘트		- CO_2 절감 시멘트 구현 - 도시 쓰레기·산업폐기물 자원화
광학렌즈 유리		- 고순도·고품질 첨단유리 실현 - 블랙박스, CCD 등에 활용
진공 단열재		- 에너지절감과 디자인의 시너지 효과 - 작은 부피의 단열재로 공간 극대화
고강도 경량 도자기		- 신가치 창출의 도자산업 구현 - 고강도·초경량 도자기 소재
디지털 프린팅 도판		- 국보급 명화의 영구 보존 실현 - 고화도·고선명 도판(고품질 재현) [32)

[그림 22] 전통 세라믹 주요 활용 분야

---

30) 2016 세라믹 기술백서, 한국세라믹기술원, 2016.11
31) 2016 세라믹 기술백서, 한국세라믹기술원, 2016.11

나. 세라믹산업 생태계[33]

세라믹은 광물에 열을 가해 만든 비금속 무기재료로 물리적·화학적 처리 및 고온 가공을 통해 내열성, 내마모성, 절연성 등이 우수한 재료이다. 세라믹은 향후 국가 부의 창출 패러다임 변화에도 부응할 대응 소재로서, 첨단 신소재 연구개발은 물론 시험·분석·평가, 기업지원, 세라믹 산업 정책지원 등에 이르기까지 기술의 혁신을 통해 국가산업발전에 기여할 수 있는 소재이기도 하다.

세라믹 산업은 스마트 자동차, 로봇, 항공우주, 첨단바이오, 전자제품 등 향후 신산업의 고도화 및 고부가가치화를 선도할 핵심소재 산업으로서 반드시 육성해야 할 핵심소재 산업이며, 특히, 전자제품의 경우 급변하고 다양화되는 수요자들의 욕구를 충족시키기 위해 매우 빠른 기술 발전 속도가 요구되고 있기 때문에 관련 세라믹 산업 또한 첨단 기술력 기반의 신속하고 선제적인 대응이 중요하다.

세라믹 산업은 원료, 분말, 소자, 부품, 제품에 이르기까지 가치사슬을 형성하고 있다. 세라믹은 금속, 화학소재와 함께 3대 소재로, 차별화된 기계적, 전기적 특성으로 인해 태양전지, 각종 센서 및 우주항공용 부품 등 미래융합산업을 위한 핵심소재 산업으로 발전 가능성이 매우 높은 재료다.

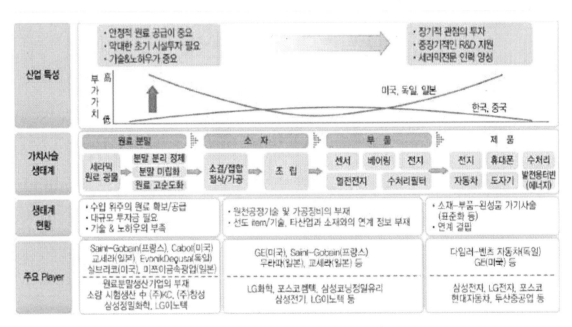

[그림 23] 세라믹산업 생태계 현황

① 전자세라믹

전자세라믹산업은 일본과 유럽에서 세계최고 역량의 소재기업을 중심으로 원천 기술 선점과 전주기 생태계가 확고히 구축하고 있으며, 국내는 영세 중소기업 위주로 경쟁력이 취약하다.

---

32) 2016 세라믹 기술백서, 한국세라믹기술원, 2016.11
33) 2016 세라믹 기술백서, 한국세라믹기술원, 2016.11

② 에너지·환경 세라믹

에너지·환경세라믹의 주요 분야인 이차전지는 국내 전지제조업체의 소재 국산화 노력과 전지 소재 업체간 협력이 부족한 실정이며, 국가적 검증 인프라도 전무하다.

③ 엔지니어링 세라믹

엔지니어링 세라믹은 차세대 자동차와 항공·우주, 미래형 반도체, 퍼블릭 디스플레이, 방산, 에너지, 원자력 등 선진산업 분야의 단계적 진입과 활성화에 따라 산업기반의 조정 및 제품의 변화가 예상된다.

④ 바이오 세라믹

바이오 세라믹 산업의 핵심소재는 대부분 수입에 의존하고 있는 실정이며, 향후 복합기능성 화장품 안티 폴루션 화장품 등 글로벌 선도제품 개발을 통한 수출 강화가 필요하다.

⑤ 전통 세라믹

전통 세라믹 산업은 생활환경 전반에 사용되며, 최근 에너지 절감 등 신규 응용 분야에 대한 본격적인 시장 요구가 있으나, 산업생태계 미비로 전량 수입에 의존하고 있는 실정이다.

세라믹 산업은 차세대 유망 기능성 소재 분야로 국가 기초산업 및 융복합 산업의 적용 신기술 분야로 부상하고 있으나, 국내 영세 중소기업 중심으로 기술경쟁력은 선진국 대비 미흡한 수준이고 수입의존도가 타 소재 대비 높은 내수기반 산업이다. 또한, 세라믹은 전자기적 특성, 전기적 특성, 광학적 특성, 열적 특성, 기계적 특성, 화학적 특성, 생체적 특성 등 타 소재 대비 탁월하기 때문에 플렉서블 디스플레이 소재, 웨어러블 IT 소재, 스마트 센서 소재 산업 등에 적용될 수 있으며, 탁월한 내식성·내마모성 기반, 인체에 무해한 생체이식 소재로서 바이오 산업과의 융합도 타 소재보다 용이하다.

특히, 미래 신성장동력 산업의 기반 산업이자 고부가가치 산업으로서 여러 분야의 기술이 종합된 집약적 첨단 산업이며, 소재-조성설계-공정기술-부품기술이 융합된 산업으로, 원료, 소재, 부품 및 완제품과 관련된 활동을 모두 포함하고 있다. 직접적인 경제적 파급 효과보다는 관련 산업에 미치는 간접적인 효과가 큰 차세대 융·복합 핵심 산업이다.[34]

---

34) 쎄노텍, 한국 IR 협의회, 2020.04.23

다. 분야별 세라믹 기술[35]

1) 광·전자 세라믹

광·전자 세라믹은 세라믹의 전기·전자적 성질을 이용하여 전자·정보통신 분야에 활용하는 주요 핵심소재 및 부품으로 산화물 반도체, 투명 디스플레이, 초소형 세라믹콘덴서, LED조명, 로봇용 첨단센서, 고감도 기상장비 등에 활용된다. 또한, 광·전자 세라믹은 유전체, 압전체, 서미스터, 바리스터, 이온전도성 고체전지, 태양전지 및 페라이트 등 무수히 많은 전자·정보통신용 부품 및 소재로 활용된다.

이동통신부품의 경우 소형화, 다기능화, 초고속화에 대응하기 위한 고집적화·융복합화 추세에 따라 단위 부품의 크기가 줄어들고 있고, 가능한 많은 부품들을 하나의 부품 속에 포함시키는 멀티칩 모듈로서의 제품화가 진행 중이다. 디스플레이용 광·전자 세라믹은 디스플레이 제품의 대형화, 경량화, 고화질화, 저가격화 추구에 따라, 제품의 신뢰성을 담보하는 필수소재로 결정립 미세화, 미세구조 제어, 단분자 입자형성 등의 세라믹스 핵심요소기술 확보가 필요하다.

광·전자 세라믹은 최종 제품의 특성을 향상시키기 위한 소재개발 노력이 지속적으로 진행되고 있으며, 다양한 요구 성능을 만족시키기 위한 융·복합 기능화가 트렌드가 될 것으로 예상된다.

가) 성질에 따른 분류

① 절연세라믹

먼저, 전력, 전자기기 및 도체 등에서 전류의 유·출입을 막기 위해 이들을 부도체로써 둘러싸거나 저지하는 것을 절연(insulation)이라 하고 이와 같은 목적에 사용하는 부도체를 절연재료라 정의할 수 있다.

절연세라믹은 전기적인 절연특성이 우수한 세라믹재료로 스테아타이트(steatite, $MgO \cdot SiO2$)를 중심으로 알루미나($Al2O3$)나 포스테라이트(Forsterite, $2MgO \cdot SiO2$)가 개발되었고 최근에는 $Si3N4$, AlN, BN 등이 개발되어 사용되고 있다.

절연세라믹은 IC Package용 기판, Spark Plug, 마스크 유리, 히터용 절연체, 반도체용 단결정 절연체, 반도체 및 LCD용 알루미나 절연체, 반도체용 실리카 절연체, 반도체용 SiC 절연체, Metallizing Ceramic, 저항용 부재(Rod, 기판), 통신용 Ferrule, 전기로 및 전자부품용 부재 등으로 사용된다.

② 유전세라믹

먼저, 절연체에 자기장을 걸어주면 재료의 결정 구조에 유전성이라 부르는 전기 분극 현상이 발생하는 물질을 유전소재라 정의할 수 있다.

---

35) 중소·중견기업 기술로드맵 2018-2020 금속및세라믹소재, 중소기업청

유전소재는 전하를 축적하는 콘덴서용과 통신기기용으로 구분할 수 있으며. 보통 단층형과 다층(적층)형으로 구분한다. 유전소재 및 부품 중 특히 유전율이 큰 티탄산바륨 세라믹스를 이용한 캐패시터는 적층형으로 보다 소형화하고 전기용량을 크게 하여 통신, OA, 가전, 고주파 모듈 등에 필수적으로 사용된다.

③ 압전세라믹

세라믹 결정이 인장, 압축 또는 뒤틀림 등의 응력을 받아서 변형이 발생하면 결정에 유전분극이 생하거나, 또는 반대로 결정에 전계를 인가해서 분극을 발생시키면 결정이 변형을 일으키는 질인 압전성을 이용하는 소재를 압전소재로 정의할 수 있다.

압전소재는 기계적 에너지를 전기 에너지로 변환시키는 압전 직접효과와 전기적 에너지를 기계적 에너지로 변환시키는 압전 역효과를 활용하는 소재로, 압전소재는 saw 필터, 압전착화소자, 압전트랜스, 세라믹필터, 신호 지연소자, 압전부자, 스피커, 엑츄에이터, 수정진동자, 수정발진기, 수정필터 등으로 사용범위가 매우 넓은 소재다.

④ 자성세라믹

어떤 물질을 자계 중에 놓으면 전자가 갖는 자기모멘트가 자장의 방향에 평행 또는 반평행으로 배향하여 자화(magnetization)가 일어나는데, 이러한 자기적 성질이나 자기현상을 이용한 재료를 자성소재로 정의할 수 있다.

세라믹 자성소재는 단결정, 복합체, 박막, 비정질 형태로 구분되고 특수자기 재료, 소프트 페라이트, 하드 페라이트로 구분이 가능하다. 소프트 페라이트는 자화가 외부자계의 작은 변화에 대해 민감하게 반응하는 성질을 이용하여 주로 트랜스나 코일의 자심으로 사용하고 있으며, Fe_2O_3를 주성분으로 하여 스핀넬형의 결정구조를 갖는 화합물로서 나머지 금속 성분에 따라 망간-아연 페라이트, 니켈-아연 페라이트, 마그네슘-아연 페라이트 등으로 구분할 수 있다. 하드 페라이트는 자계를 가하여 자화하면 전류를 흘리지 않아도 외부의 자계를 계속해서 유지하고 그 자성을 영구히 보전하여 주로 에너지 변환기능에 활용한다.

⑤ 반도성세라믹

도전현상에 따라 전자전도성과 이온전도성으로 구분하며 전자전도성은 부온도계수(NTC) 서미스터, 정온도계수(PTC) 서미스터 및 배리스터(varistor)가 대표적이다. 이온전도성 세라믹은 고체전해질, 산소센서, 나트륨 초이온 전도체, 고온용 전극 등을 포함한다.

대분야	중분야	세부 제품
압전성	압전부저, 음향필터, 진동자, 압전착화소자	전기라이터, 가스기기 점화소자, 진동센서, 혈압센서, 압전발음체, 초음파 세정기, 세라믹 발진자, 세라믹필터 등
유전성	캐패시터, 마이크로파 유전체	IT기기의 발진회로용 캐패시터, 동조회로용 캐패시터, 바이패스회로용 캐패시터, 이동통신용 부품, 위성통신용 부품 등
반도성	서미스터, 바리스터	온도검출제어용, 과전류보호용, 온도보상용, 전자기기의 피뢰용, 가스누출 경보기 및 소자의 써지 보호용 등
자성	Soft/Hard Ferrite, Ferrite 자석	자기헤드, 트랜스포머, 코일용 코어, 각종 영구자석, 모터, 스피커, 소형 발전기 및 리드 릴레이 등
절연성	알루미나 기판, LTCC 기판, IC 패키지 재료 등	IC 패키지, HID 기판, 다층배선 기판, 점화플러그, 고주파절연용 및 고열전도성 기판 등
전도성	전자전도체, 이온전도체, 초전도체	전기로용 히터, 자동차 연소제어용 산소이온센서, Na-S 고체전해질 전지 등

[표 13] 광·전자 세라믹의 제품 분류 관점의 범위

나) 공급망에 따른 분류

광·전자 세라믹은 광업 및 기초산업에서 산출되는 원료(raw materials)를 1차 가공하여 전기 전자적인 성능을 발휘하거나, 이를 응용하여 기계 및 기구를 조립하는데 사용하는 세라믹 소재, 전기·전자적 기능을 이용하여 제작된 일부 광·전자부품을 포함한다.

무선통신 관련 광·전자 세라믹 소재는 기초소재의 형태에서부터 시스템까지 다양하게 분포한 다. 전자제품의 최종형태는 휴대전화, 위성방송 시스템, PC나 DVD 등과 같은 시스템 형태로 이루어지며, 최종형태 구성 시스템은 듀플렉서 필터, GPS 안테나, MLCC 등과 같은 세라믹 부품으로 구성된다. 시스템 구성 부품은 disk, sheet, film, paste 형태의 세라믹 전자소재 및 기초소재로 이루어진다.

2) 기계·구조 세라믹

세라믹은 크게 전자세라믹, 기계·구조(엔지니어링) 세라믹, 에너지·환경 세라믹, 바이오 세라믹, 전통세라믹으로 분류될 수 있으며, 이러한 세라믹 중에서 기계·구조 세라믹은 세라믹소재의 탁월한 기계적, 열적, 화학적 물성을 활용하는 소재다.

기계·구조 세라믹은 주로 자동차/정밀기계, 반도체/디스플레이, 환경/에너지, 항공우주산업 분야 등에서 이용되며, 대표적인 기계·구조 세라믹 소재는 내열·방열 소재, 구조소재, 내화·극한환경소재, 기계가공성 소재, 연마·절삭 세라믹 공구 등이 있다. 기존에 전통적으로 기계·구조 세라믹으로 사용되던 탄화규소나 질화알루미늄 등의 소재가 극한 환경 센서 소재나 반도체 소재 등의 광·전자 세라믹으로 응용되고 있기 때문에 점차 구분이 모호해지고 있으나, 기계·구조 세라믹의 응용 분야가 점차 IT 기기 분야에서 확대되고 있는 추세이기 때문에 이러한 추세는 점차 더 강화될 것으로 예상된다.

가) 기능별 분류

기계·구조 세라믹 중에서 생체적 기능을 이용하는 소재는 바이오세라믹으로, 환경 분야에 사용되는 소재는 환경 세라믹 그리고 에너지 산업에 사용되는 세라믹을 에너지 세라믹으로 별도로 분류되기도 한다. 기계·구조 세라믹은 이용되는 특성에 따라서 여러 가지 용도로 산업에 응용될 수 있다.

종류	기능 분류	이용 특성
기계·구조 세라믹	기계적 기능	강도, 인성, 경도
	열적 기능	단열, 내열, 열충격저항성
	내마모 기능	강도, 인성, 내마모성
	내화학 기능	내산성, 내플라즈마성

[표 14] 기계·구조 세라믹의 기능별 분류

나) 응용 산업분야별 분류

기계·구조 세라믹은 사용되는 산업에 따라서 반도체용, 우주항공용, 국방용 등으로 구분하고 있으며, 이 산업에서의 응용이 점차 증가하는 추세다.

① 반도체 산업용
전통적으로 반도체 산업에 사용되는 기계·구조 세라믹 재료는 주로 세라믹의 고온 강도를 이용하는 내열 부품 소재로 이용된다. 사용 공정은 반도체 공정 중 가장 고온 공정인 확산 공정(diffusion process)와 화학 증착 공정(CVD process) 등이며 이 때 사용되는 기계·구조 세라믹 소재는 거의 대부분 석영 유리(quartz glass)다.

SiO$_2$(quartz glass)의 경우 고순도가 가능하고 가공이 용이하며 저렴한 장점이 있어 반도체 공정의 거의 모든 공정에 널리 사용되고 있으나 내구성, 고온물성, 내플라즈마성이 취약한 단점 때문에 에쳐나 확산로 같은 부분에서는 제한적으로 사용된다. Al$_2$O$_3$, SiC 등은 SiO$_2$보다는 순도, 가공성, 비용에서 취약하나 우수한 내구성으로 인하여 에쳐의 챔버 내부소재, 확산로의 고온 내구소재로 사용이 가능하다.

최근 들어 반도체 공정의 식각 공정이 건식 플라즈마 공정으로 진화하면서 기계·구조 세라믹의 용도가 내플라즈마 부품 분야로 확장되고 있으며, 또한 실리콘 웨이퍼 크기가 300mm로 커짐에 따라서 내열 부품의 종류도 석영 유리에서 탄화규소 제품으로 변화하고 있는 추세다. 이러한 추세에 의해 반도체 공정에 사용되는 기계·구조 세라믹의 종류가 전통적인 산화물계에서 비산화물계로 이동하고 있다. 특히 플라즈마 에쳐에 사용되는 부품들은 반도체 산업의 금속 선폭 감소에 따른 플라즈마 세기 증가에 견딜 수 있으며, 순도도 매우 높은 CVD(Chemical Vapor Deposition) SiC 부품으로 대체되고 있다.

세부분야	주요용도	비고
SiO$_2$ (quartz)	확산로, CVD 용 내부부품 crucible 등	• 장점 : 경제적, 가공이 용이 • 단점 : 내구성, 내플라즈마성 취약
Al$_2$O$_3$	내플라즈마성 에쳐, CVD용 내구부품, 정전척 등 기능성 부품	• 장점 : 내구성, 내플라즈마성 • 단점 : 초고순도불가, 내열충격성약함, 　　　　 가공이어려움
Si	에쳐용 각종 소모품	• 장점 : 경제적, 전도성, 가공 유리 • 단점 : 내구성, 내플라즈마성 취약
SiC	확산로용 부품, 에쳐, CVD등 내구성, 내플라즈마성 소재	• 장점 : 내구성, 내플라즈마성, 초고순도(CVD) • 단점 : 순도, 고가
C (graphite)	웨이퍼 성장로 crucible	• 장점 : 가공이 용이, 경제적 • 단점 : 내구성 취약
AlN	정전척, 히터, 치구	• 장점 : 고열전도도, 내플라즈마성 • 단점 : 고가, 가공이 어려움
Y$_2$O$_3$	내플라즈마성 에쳐 부품 벌크, 코팅으로 적용	• 장점 : 내플라즈마성 탁월 • 단점 : 가공이 어려움, 고가, 내구성취약(코팅)

[표 15] 주요 소재의 용도

② 항공우주산업용
항공우주산업의 주요 제품군은 항공기, 인공위성, 발사체, 우주선으로 나눌 수 있으며 이들 주요 제품군의 부품으로 사용되는 재료들 중에서 세라믹 부품은 주로 초고온 내열성, 고강도, 내마모성 등의 특성이 요구되는 수동부품으로 사용된다.

주요 소재로는 carbon, SiC, Si3N4, HfB2, ZrB2 등 비산화물계, Al2O3/Al2O3 composite, C/C, C/SiC, SiC/SiC composite 등 복합 재료계, thermal barrier coating 재질에 이용되는 저열전도소재 등으로 구분할 수 있으며, 소재의 가공형태로는 치밀질 소결체, 초경량 다공체, 다공질 소결체, 복합재료, 코팅 등의 형태로 구분할 수 있다. 또한, 최근에는 우주항공 분야나 원자력 발전 분야에서 SiC/SiC 복합재료의 응용이 시도되고 있다.

③ 국방산업용

국방산업 분야에서 기계·구조 세라믹은 방탄용, 전파 투과용 돔, 미사일 노즐 등 여러 분야에서 사용된다. 방탄재료로는 대부분의 고경도 세라믹재료가 적용되고 있으며, 이들 중 가장 많이 사용되는 재료는 알루미나와 탄화규소계 재료이며, 특수한 목적을 위해서는 탄화붕소, 붕화 타이타늄이나 투명한 AlON 등이 사용된다. 최근에는 투명방탄재로 사용되어 온 적층유리를 대체하고자 하는 AlON계 세라믹 방탄재의 적용도 보고되고 있다.

전자파 투과 재료가 사용되는 대표적 무기 체계 부품은 레이돔으로 레이돔 소재는 전자파를 잘 투과해야 된다는 기본 특성 이외에도 다양한 열, 기계적 특성이 요구된다. 레이돔 소재로써는 유전율이 낮고 내열충격성이 우수한 실리카가 많이 사용되고 있으며, 코디어라이트, 결정화 유리 등도 적용된다. 유도 무기가 더욱 고속, 고기동화되면 고강도의 질화규소가 적용되며 최근에는 반응소결 혹은 반응소결 후 소결공정을 통하여 제작된 질화규소계 레이돔도 적용되고 있다.

특수한 세라믹섬유나 원료분말은 전략소재로 분류되며 다양한 전략적 이유로 수출입이 제한된다. 고순도의 SiC 장섬유, 초고순도의 SiO2 섬유, 질화규소나 탄화규소 위스카, 각종 탄화물, 붕화물과 같은 세라믹 원료 분말 등이 유럽연합이나 미국 등에서 제작되어 전략적인 용도에 사용되고 있다.

최근 국방 분야에서 개발된 투명 세라믹 소재는 현재 스마트 폰 용 전면 창 재료로 그 채용이 활발히 검토되고 있다. 이러한 일환으로 방탄 휴대 전화라는 개념을 도입하여 MAG(Magnesium Aluminate Garnet)이나 ALON(Aluminium Oxynitride) 세라믹 소재가 현재 연구 중에 있다.

무기체계 발전방향	요구특성	기능분류	관련재료
정밀성	고기능 재료	전자파투과재료	실리카, 코디어라이트 결정화유리, 질화규소
		적외선투과 재료	사파이어, AlON
고속화	고온 재료	대형광학재료	탄화규소
		단열재료	섬유단열재, 나노단열재
		도표재료	도포단열재
생존성	방호 재료	내열재료	질화규소, 탄화규소 세라믹섬유복합재
		방탄재료	Al_2O_3, SiC, B_4C, TiB_2, AlON
전략성	전략 소재	기만/은닉재료	스텔스 재료
		세라믹 섬유	quartz fiber, ultra fine fiber
		원료 분말	B_4C, 나노재료

[표 16] 국방용 기계·구조 세라믹 재료 적용 분야

다) 사용 연료별 분류

기계·구조 세라믹의 사용원료는 알루미나(Al_2O_3), 지르코니아(ZrO_2), 질화규소(Si_3N_4), 탄화규소(SiC) 등과 같은 고도로 정제된 합성원료를 사용하고 있으며, 사용 원료에 따라 기계·구조 세라믹을 산화물계와 비산화물계의 두 종류로 분류할 수도 있다.

전통 세라믹 분야에서는 비산화물 세라믹을 사용하는 사례가 거의 없으나, 산업 발전에 따라 점차 모든 산업 분야에서 비산화물 세라믹스의 사용이 증가하고 있는 추세다.

종류	분류명	사용 원료
기계·구조 세라믹	산화물계	알루미나(Al_2O_3), 지르코니아(ZrO_2), 실리카(SiO_2), 마그네시아(MgO) 이트리아(Y_2O_3) 등
	비산화물계	탄화규소(SiC), 질화규소(Si_3N_4), 질화알루미늄(AlN), 탄화붕소(B_4C), 질화붕소(BN) 등

[표 17] 기계·구조 세라믹의 원료별 분류

3) 에너지·환경 세라믹

에너지·환경 세라믹은 환경오염으로 야기된 물질정화 및 에너지청정화 등을 위해 세라믹 소재의 다공성 특성을 이용하여 특정물질의 분리정제 및 이온전도, 가스개질 등과 같은 기능을 발휘할 수 있도록 만들어진 기능성 부품이다. 에너지 세라믹은 리튬전지용 양극재인 복합산화물 및 음극재인 탄소 나노복합소재와 가정 및 산업용 연료전지의 전해질을 구성하는 고체 이온전도막, 분리막 등의 소재 및 부품을 의미한다.

환경 세라믹 다공성 소재는 일반적으로 사용되는 세라믹 분말을 다양한 공정을 통하여 제품화함으로써 다공질 세라믹 고유의 임계성능 향상을 구현할 수 있기 때문에 환경오염 물질 등의 분리에 큰 효과를 발휘한다. 환경 세라믹은 내화학성, 내산화성, 내항균성 등의 특성을 이용하여 웰빙기능 세라믹, 정화용 담체·필터·멤브레인, 세라믹 충전제 소재 및 부품 등으로, 에너지 세라믹은 화학에너지 고갈에 따른 대체에너지 시스템 및 에너지 재생과 관련된 소재 및 부품으로 활용된다.

에너지·환경 세라믹은 현재와 미래 산업의 발전에 근간이 되는 소재분야로서 지속가능한 삶을 유지하기 위해 필요한 소재다. 에너지·환경 세라믹은 환경정화용 소재에서 요구되는 고효율, 청정화, 대용량 등의 특성과 청정에너지 개발 시 요구되는 초고용량, 고출력, 고신뢰성 등의 성능을 발휘하기 위해 융복합화가 대표적인 메가트렌드가 될 것으로 예상된다.

가) 제품 분류

액상물질에서 원하는 물질을 분리할 때 필요한 지지체 또는 분리물질을 화학결합시키는 다공성 고체를 담체라고 하는데 세라믹 소재는 표면적이 크고 용질에 대하여 화학적으로 안정하며 흡착능을 갖지 않기 때문에 가장 바람직한 담체 소재로 사용된다. 에너지청정화를 통한 환경개선을 위한 가스개질 등을 위한 주요기술로서 세라믹 멤브레인 및 촉매 활성화 물질이 사용될 것으로 기대됨에 따라 촉매 분야에서 촉매를 지지하고 접촉면적을 증가시켜 촉매반응의 효율을 높일 수 있는 세라믹 분리막 및 담체의 사용이 증가할 것으로 예상된다.

세라믹 멤브레인은 특정물질을 선택적으로 분리 정제하는 기능을 가지는 세라믹 소재로서, 특히 내열성, 화학적 안정성, 내구성 등이 우수하여 화학공정, 환경정화, 에너지, 반도체 산업 등에서 기체 및 액체 혼합물의 정밀여과 소재로 응용이 기대된다.

고효율 이온전도체, 메조 또는 나노기공 물질, 촉매활성 물질 및 연소공정용 세라믹 분리막 등의 소재·부품 기술은 에너지 및 환경과 관련하여 장·단기적으로 제조 산업 개선에 큰 효용가치를 지닐 것으로 전망되며, 환경정화용 세라믹 필터는 알루미나, 규사 등의 세라믹 입자를 유리로 결합시켜 관통 세공이 있게 만든 것으로 내약품성이 우수하고 현탁액의 분리와 액체·기체·분체의 여과 흡수 등에 이용된다.

대분야	중분야	용도
에너지 세라믹	이차전지	리튬코발트, 리튬망간 등 금속산화물(양극재 및 음극재), 나노복합 산화물 및 탄소 복합재 등
	연료전지	이트리아 복합 지르코니아(이온전도막 및 분리막), 리튬 알루미네이트/란타늄 갈레이트 산화물 등
환경 세라믹	무기필터 세라믹	NOx, SOx 저감용 촉매, 수질개선용 광촉매, 바이오필터용 담체 등
	세라믹 멤브레인	가스분리용 분리막, 막반응기용 분리막, 수소/산소 투과막, 수처리용 멤브레인 등
	다공성 세라믹	수처리용 흡착제, 흡착필터, VOC 흡착용 필터 등

[표 18] 제품분류 관점 기술범위

나) 공급망 관점 분류

에너지·환경 세라믹이란 일상 생활환경과 관계되는 분야에서 빈번하게 접하게 되는 다양한 제품과 이를 구성하는 기본소재 및 부품을 통칭하며, 일반 세라믹 소재나 제품에 주로 특정기능을 부여하기 위하여 원료를 첨가하여 기능성 세라믹으로 만든 소재·부품이다.

에너지·환경 세라믹은 금속담지 세라믹, 기공소재 세라믹, 알루미노 실리케이트 세라믹을 활용함으로써 항균, 탈취, 소취, 원적외선, 음이온, 광촉매 등 기능을 갖춘 재료를 포함하며, 자동차의 배출가스, 공기 및 수질을 정화하는 무기필터로서 정화용 담체, 필터, 멤브레인 등과 섬유, 제지 및 플라스틱 등 고분자 충진용 세라믹 소재도 포함한다.

또한, 에너지·환경산업의 고도화를 주도하는 연료전지 산업에서 가스개질 등에 사용하는 촉매 등의 지지체 또는 담체로서 유해성분을 분리하는 세라믹 무기필터 등의 부품을 포함할 수 있는데, 환경오염의 주원인인 화석연료의 사용을 억제하기 위한 고효율, 고성능 에너지 절약, 수송 저장산업에서 환경오염원 대체 및 에너지 저장에 사용하는 세라믹 다공성 소재, 부품 및 제품을 포함한다. 무기필터 세라믹은 무기소재 내에 매우 미세한 기공(pore)을 형성시켜 기공의 크기나 기공표면의 화학적 특성을 이용하여 유해한 물질을 물리적으로 여과하거나 기공표면에서의 화학적 반응을 통해 유해물질을 분해·제거하기 위한 기능으로 사용된다. 무기질 나노기공소재는 100nm 이하의 기공크기를 갖는 무기물로 정의되며, 에너지·환경, 우주, 바이오 분야의 핵심소재인 촉매, 분리(흡착, 흡수, 분리막, 필터)소재, 단열재, 센서, 경량소재, 저장소재, 전극소재, 광학소재, 기판소재, 생물분자분리체 등의 근간이 되는 물질로 사용된다.

에너지·환경 세라믹은 정제된 원료를 사용하여 소성 공정 등을 통해 필요한 형태(분말, 막, 벌크 등)를 갖는 소재로 제조한 후 정밀한 성형과 가공을 통해서 독자적인 특성을 발휘할 수 있는 부품으로 공급된다. 에너지·환경 세라믹 다공성 소재는 부품제조에 필요한 세라믹 원료와 이를 벌크 또는 막 형태로 가공하여 제조하는 제품을 포함한다.

전략제품	공급망 관점	세부기술
에너지·환경 세라믹 기술	에너지 세라믹	• 원재료 측면에서는 이트리아 복합 지르코니아, 탄소복합재, 리튬코발트, 망간 등의 복합산화물 합성기술 • 다공성 나노분말 및 분리막, 이온전도성 소재 등 • SOFC/MCFC 소재, 이차전지 소재(분리막 및 전도성막 소재) 등
	환경 세라믹	• 원재료 측면에서는 알루미나, 실리카, 티타니아, 활성탄소, 알루미노실리케이트, 제올라이트 등 합성기술 • 무기필터 소재, 다공성 벌크 및 허니컴 소재 성형기술 • 수처리용, 기상오염물 흡착재, 필터용 담체, 가스분리용 멤브레인, 수질 및 공기정화용 광촉매 부품화 기술 등

[표 19] 공급망 관점 기술범위

4) 바이오 세라믹

바이오세라믹이란 인체 내에 이식되어 단기간 또는 장기간 동안 손상된 인체의 조직이나 기관의 치료 또는 대체시키는데 필요한 세라믹 소재로 정의된다. 통계청 자료에 의하면, 국내 65세 인구비율의 증가로 인해 임플란트 시술환자는 2010년 500만 명에서 2030년에는 1,200만 명으로 증가할 전망이다. 한편 기존 임플란트는 환자 시술 후 조직재생율이 떨어져 임플란트 시술기간이 길기 때문에 생체친화적이고 조직접합 및 재생율이 높은 바이오세라믹 특성개발 및 니즈가 증가할 전망이다

바이오세라믹 소재는 골조직과 화학적으로 유사하거나 우수한 기계적 특성 및 생체친화성 때문에 골조직의 재생이나 재건에 주로 사용된다. 바이오세라믹 소재는 인체 내 생물학적 활성에 따라 적용할 수 있는 부위 및 요구물성이 달라지므로 생물학적 반응정도에 따라 생체활성(Bioactive), 생체불활성(Bioinert), 생분해성(Biodegradable) 소재로 구분할 수 있다.

생체활성(Bioactive) 세라믹은 생체친화성 (bio-compatibility)이 높아 신체에 삽입되면 주위 조직과 화학적으로 결합하는 재료를 지칭하며, 생체 유리와 인산칼슘계 세라믹이 대표적이다. 생체불활성(Bioinert) 세라믹은 생체 활성 세라믹스와 달리 활성을 띠지 않는 소재로 신체에 삽입되면 염증과 독성은 유발하지 않지만 생체 조직과 직접 결합을 하지 못하고 주위에 섬유 조직이 생성되면서 결합하는 재료를 지칭하며, 알루미나와 지르코니아 등이 대표적이다. 생분해성(Biodegradable) 세라믹은 생체 내에서 상처 입은 조직을 치환할 뿐만 아니라 손상된 조직을 치료하며 생체가 본래 가지고 있는 자기 수복 기능을 돕는 역할을 하며, 치료용 재료를 뼈의 결합 등에 삽입하였을 경우, 뼈가 서서히 자라면서 이러한 이식재료는 녹아서 없어지게 되고 결국은 새로운 뼈로 교체된다.

바이오세라믹은 화학조성에 따라 금속산화물계, 유리(결정화 유리포함), 카본계 소재로 구분된다. 금속산화물계 바이오세라믹은 알루미나 (Al$_2$O$_3$), 지르코니아 (ZrO$_2$), 티타니아 (TiO$_2$), 하이드록시 아파타이트(HA)를 포함한다. 유리 및 결정화 유리계 바이오세라믹은 Na$_2$O-CaO-SiO$_2$-P$_2$O$_5$계 기반의 조성물이다. 카본계 바이오세라믹은 섬유, 다이아몬드, 결정질, 비결정질, 열분해 카본을 포함한다.

뼈 및 관절부분의 기능 치료 및 대체, 치골용 소재 및 코팅소재 등 제품의 수요가 증대하고 있으나, 바이오세라믹 소재의 대부분을 수입에 의존하고 있기 때문에 의료기기 산업 손실 및 환자의 의료비 부담도 커지고 있어 바이오세라믹 관련 원료합성, 환자 맞춤형 형상설계 및 성형기술, 물리적/화학적/플라즈마 용사 등 코팅기술 개발이 필요하다.

가) 제품 분류

의료용 바이오세라믹은 임상 적용 위치와 치료목적에 따라 제품의 제조공정을 달리 할 수 있고, 또한 인체 내에서 바이오세라믹의 기계적, 화학적, 생물학적 특성과 역할을 향상시키기 위해 다양한 형상을 제조하여 사용한다.

바이오세라믹은 형상에 따라 분말재, 섬유재, 코팅재, 벌크재로 구분할 수 있다. 분말제품은 골충진 및 재생, 섬유제품은 기계적 강도향상을 위한 강화재로 사용되고, 코팅용 제품은 임플란트와 생체조직간 결합을 강화시키는데 사용된다. 벌크용 제품은 골조직 대체용으로 사용된다.

대분야	중분야	용도
생체 불활성	알루미나	인공골두, 인공뼈, 안과보철기구, 치과용 임플란트, 상악골재건, 이비인후과용 등
	지르코니아	인공골두, 치관코어, 임플란트 지대주 등
	카본	인공심장판막, 인공관절 및 고정장치 등
생체 활성	바이오글라스	코팅재, 치조융선보강, 치주포켓소실용, 상악골재건, 이비인후과용, 경피접촉기구, 척추대체재료 등
	결정화 유리	
	수산화아파타이트	골 결합용 코팅, 골대체 소재 등
생체 분해성	TCP	임시 골충진재, 치주포켓소실용, 조직공학용 지지체 등
	CMP	

[표 20] 제품분류 관점 기술범위

나) 공급망 관점

의료용 바이오세라믹 기술은 분말합성, 성형공정, 코팅, 열처리, 후처리 등 각종 공정을 통해 생체 세라믹 제품을 제조하는데 요구되는 모든 기술을 총칭하며, 바이오세라믹 소재 제조공정의 최적화 및 신공정 개발에 요구되는 생산기술과 생체친화성 기능을 향상시키거나 부여하는 기반기술로 구분된다.

공급망 관점	세부기술
분말합성기술	바이오세라믹을 분말형태로 합성하는 기술
코팅관련 공정기술	바이오세라믹을 임플란트 표면에 코팅하는 기술
3차원 성형기술	바이오세라믹을 3차원 형태의 치밀체 또는 다공체로 제조하는 기술
후처리관련 공정기술	생체활성 표면처리 및 소독기술
나노복합화 기술	2종 이상의 바이오세라믹을 나노수준에서 복합화하는 기술
마세구조 제어기술	바이오세라믹을 나노/마이크로/마크로 수준별로 구조제어 하는 기술

[표 21] 공급망 관점 기술범위

III. 국내 세라믹 산업 핵심성과

3. 국내 세라믹 산업 핵심성과[36)]
가. 모바일 세라믹 부품

스마트 폰의 부품 700개 중 약 590개가 세라믹 소재로 이루어져 있으며, 카메라 Unit, RF, 디스플레이 Unit등에 활용되고 있다.

구분	세라믹 부품
카메라 Unit	광학센서, 칩 바리스터 등
RF & HF Circuit	적층세라믹콘덴서(MLCC), 필터 등
디스플레이 Unit	가시광선센서, 적층 칩 비드 등
계산 Circuit	노이즈 필터 등
안테나 Circuit	근거리 무선통신 안테나, 안테나 스위치 모듈 등
인터페이스	정전지 제어 필터, 노이즈 필터 등

[표 22] 스마트폰 내 주요 세라믹 부품

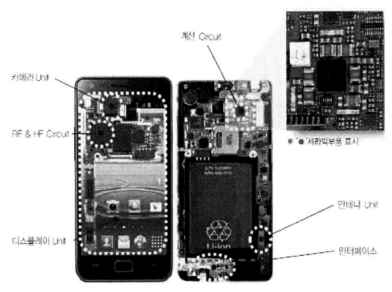

[그림 24] 스마트폰 내 세라믹 부품 영역

---

36) 4차 산업혁명 대응 세라믹산업 발전방한 수립 연구, 한국세라믹기술원, 2017.07

나. LED 세라믹 소재

세라믹은 LED 조명의 핵심소재로 전력소비량 절감 및 탄소저감 효과에 탁월한 첨단소재로 백열전구 대비 제품 수명이 25배이며 에너지 유지비용 또한 연간 82% 저감할 수 있다.

구분	백열전구	LED 조명
에너지 효율	10lm/W	130lm/W
제품수명	1,000시간	50,000시간

[표 23] 백열전구와 LED조명 비교

다. 스마트 유리

스마트폰 상용화의 핵심인 스마트 유리는 세라믹을 소재로 사용하고 있다. 스마트 유리의 경우 유리기판에 투명하고 전도성을 가진 세라믹 소재를 코팅하여 터치패널을 구현하고, 터치패널을 보호하기 위해 고강도의 강화유리로 충격에 약한 터치패널을 보고하는 구조를 가지고 있다.

특히 최근 패널의 크기가 점점 커져가고 있어, 반도체·디스플레이 공정용 초대형 세라믹 시장 또한 성장하고 있다. 반도체·디스플레이 세계 시장은 약 4.5조 이상으로 추정되며, 특히 중국의 고속성장으로 인해 지속적으로 성장할 것으로 전망된다.

라. 이차전지용 세라믹소재

전기자동차의 주행성능을 결정하는 이차전지는 세라믹 소재의 핵심소재로 이루어져 있다. 이차전지의 핵심은 양극 세라믹소재와 음극 세라믹소재로 이루어져 있으며, 최근 이차전지를 대량생산할 수 있는 슈퍼커패시터용 그래핀 합성 기술이 개발되기도 하였다.

슈퍼커패시터용 그래핀 합성 기술은 기존 그래핀의 단점을 극복하기 위해 그래핀 옥사이드(graphene oxide, GO)를 금속산화물 촉매반응을 이용하여 균일하게 다공성 구조로 합성하여 정전용량을 높였으며, 대량생산이 가능하도록 개발된 기술이다.

마. 초고온·초단열 세라믹소재

우주왕복선에는 33,000개의 세라믹 타일이 부착되어 초저온과 초고온을 넘나드는 우주환경에 적응할 수 있도록 돕고 있다. 이 세라믹 타일은 에어로겔 세라믹소재로 표면온도가 1,500℃인 우주왕복선을 보호할 수 있는 유일한 소재이다.

바. 이식환경 맞춤형 바이오세라믹 3D 프린팅 소재 및 저온 (40oC 이하) 공정기술

재료연구소 주관의 본 과제는 3D 프린팅 기술을 이용하여 환자 맞춤형 무소결 생체 세라믹 골이식재를 제조할 수 있는 토탈 솔루션(소재, 공정, 설계, 시스템) 개발을 목표로 한다. 자세히는 40 ℃ 이하 공정온도 확보를 통해 약물, 세포 등의 동시 출력 및 장기 방출특성을 제어하는 원천 및 상용화 응용 기술과 세계 최초 다종 세라믹 광경화성 3D 프린팅 시스템 및 공정기술, 고함량 생체세라믹 유무기 복합 골이식재 제조기술, 8인산칼슘 대량 생산기술을 확보하는 것을 목표로 하고 있다.

핵심 특허는 다음과 같다.
(a) 다종소재용 3D 프린팅 장치 및 다종소재 3D 프린팅 방법
(b) 광중합형 컬러 3D 프린팅 재료 및 이의 제조방법
(c) 이종결정상을 갖는 코어-쉘 구조 경조직 재생용 지지체 및 이의 제조방법
(d) 타닌산에 의해 가교된 콜라겐 및 생체활성물질을 포함하는 경조직 재생용 지지체 및 이의 제조방법
(e) 인산8칼슘의 제조방법

사. 초고화질(UHD) 대면적 디스플레이 제조를 위한 플라즈마 환경용 정전척을 위한 고밀도 세라믹 코팅 신소재 및 분사 공정 기술

코리아스타텍 주관의 본 과제는 UHD급 대면적(8세대) 디스플레이 Panel Dry Etching이 가능한 정전척을 개발하고 플라즈마 스프레이 코팅소재 및 코팅기술의 개발을 통해 정전척 개발 제품의 안정화 및 양산성 확보 기술 개발을 목표로 한다. 자세히는 세계 최초로 바이폴라형 대면적 세라믹 정전척 개발을 통해 일본과 미국에서 90% 이상 독점하던 정전척 시장에서 독점화 기술 제공과 UHD/OLED 초고해상도용 정전척 개발을 바탕으로 국내외 시장 점유율 확대 및 중국 등 해외시장 진출을 목표로 하고 있다.

아. 고효율 조명용 파워디바이스 금속접합, 고열전도성 반응소결 질화규소 방열기판

월덱스 주관의 본 과제는 전력반도체 등 파워 디바이스에 필수적으로 채택되는 고열전도성 질화규소 방열기판 소재 및 이를 위한 맞춤형 실리콘 원료와 디바이스 실장용 금속 접합 기술 개발을 목표로 한다. 이를 통해 현재 주로 사용되는 알루미나 또는 질화알루미늄 기판에 비해 물리적 특성이 강하면서 열전도율이 높은 디스플레이용 질화규소 방열기판을 국내 최초로 개발하였으며, 현재 LG이노텍과 함께 양산화를 추진하고 있다.

자. 미세먼지 및 자외선 차단 복합기능을 갖는 안티폴루션 화장품용 고기능성 세라믹 복합소재 개발

 씨큐브 주관의 본 과제는 미세먼지(10μm, 2.5μm) 및 초미세먼지(1μm)를 균일하게 제조 후 대상 화장품 제형(소재)과의 흡착/차단능을 정량적으로 평가할 수 있는 장비 개발을 목표로 하고 있다. 자세히는 향후 자외선 차단 및 미세먼지 차단 복합 안티폴루션 화장품 개발에 대한 기업지원 및 , 화장품 임상센터와 연계하여 미세먼지 차단 지수 개발 및 국제 표준 평가법 개발을 통해 글로벌 뷰티코리아 제품의 우수성 및 신뢰성 확보 기여를 목표로 한다.

차. 고품질 선도유지 패키징용 다공성 다기능 세라믹 융합소재 개발

 한국세라믹기술원 주관의 본 과제는 농축수산물의 신선도 향상을 위한 기능성 패키징 필름용 고표면적, 고담지 및 크기제어형 메조포러스 실리카 소재 양산화 기술 확보를 목표로 한다. 세라믹 기술원은 현재 고표면적, 고담지용 다공성 세라믹으로 잘 알려진 메조포러스 실리카 소재는 제조상의 어려움으로 인해 세계적으로 양산화 되지 못하고 있는 현 상황에서 세계 최초로 메조포러스 실리카를 중성에서 대량으로 생산하는 공정기술을 개발하여 85% 이상의 제조단가를 절감시켰다. 현재, 메조포러스 실리카는 단백질, 기능성 약물, 화장품원료 등을 봉입하여 기능성 섬유, 약물전달체, 촉매등 광범위하게 사용되고 있다.

Ⅳ. 국내 세라믹 시장 현황

4. 국내 세라믹 시장 현황

국내 세라믹 시장은 2015년 582억불 규모에서 연 평균 4.7%씩 성장하여 2025년 920.5억불에 다다를 전망이다. 국내 시장은 반도체, 스마트폰과 같은 주력 산업의 성장에 따라 전통 세라믹보다 첨단 세라믹의 성장률이 높은 것으로 조사되었다. 따라서 이러한 점은 세계적으로 첨단세라믹 분야의 성장세가 높아지고 있는 세계 추세에 부합하며, 향후 시장을 선도할 잠재력을 가지고 있다고 생각할 수 있다.

구분		2013	2014	2015	2016	2017	2020	2022	2025	CAGR
세라믹		530.0	561.6	581.5	608.8	637.5	731.6	802.0	920.5	4.7%
	첨단	221.7 (41.8%)	314.5 (56.0%)	320.1 (55.0%)	342.2 (56.2%)	365.8 (57.4%)	446.9 (61.1%)	510.7 (63.7%)	623.8 (67.8%)	6.9%
	전통	308.4 (58.2%)	247.0 (44.0%)	261.4 (45.0%)	267.2 (43.9%)	273.0 (42.8%)	291.5 (39.8%)	304.4 (38.0%)	325.0 (35.3%)	2.2%

자료 : 한국세라믹기술원 & 산업연구원 실태조사 결과에 환율 적용 (1달러 = 1,100원)
주 : 국내 시장규모는 전수조사 결과이므로 세계 시장규모와 비교 불가능

[표 24] 국내 세라믹 시장 현황 및 전망 (단위 : 억달러)

37)

국내 세라믹 소재·부품 산업은 맞춤형 고기능성 소재의 시장 확대에 따른 신성장동력산업의 급성장세로 지속적인 성장이 예상된다. 또한 국내 파인세라믹소재에 대한 수요는 2018년까지 연평균 약 18% 이상의 고도성장이 지속될 것으로 전망된다.

구분	2016	2017	2018	2019	2020	2021	CAGR
전자세라믹 소재·부품	136,746	155,890	177,714	190,891	217,616	248,082	14%
기계구조 세라믹 소재·부품	51,418	57,793	65,167	69,867	78,782	88,835	13%
환경세라믹 소재·부품	21,403	23,757	26,370	28,127	31,221	34,655	11%
바이오 세라믹 소재·부품	3,704	3,834	3,968	4,086	4,229	4,376	3%
합계	213,271	241,274	273,219	292,970	331,613	375,352	13%

[표 25] 국내 세라믹소재 산업의 시장규모 및 전망 (단위 : 억원, %)

38)

---

37) 첨단세라믹 산업현황 및 성장기업 분석을 통한 정책지원방안 수립, 기술과가치, 2017.11

① 전자세라믹 소재·부품

국내 전자세라믹 산업은 전기전자, 정보·통신, 자동차산업 등의 빠른 발달에 따라 연 14% 이상으로 크게 성장할 것으로 전망되며 향후 에너지·환경, 의료, 우주·항공 산업이 발달함에 따라 성장세는 더욱 증가할 것으로 예상된다.

② 기계구조세라믹 소재·부품

국내 구조세라믹소재 시장은 반도체 및 디스플레이 제조 산업의 성장과 이에 따른 세라믹 부품의 수요증가에 기인하며 국내시장 중 알루미나 제품은 1,500억원, 실리카 제품은 1,800억원, 반응소결 탄화규소 제품은 1,000억원, 질화알루미나 제품은 1,000억원, 석영 제품은 1,300억원 규모로 조사되었다.

③ 에너지·환경세라믹 소재·부품

국내 환경관련 에너지, 자원 분야는 전체 환경시장의 46.8%를 차지하고 환경 분야의 세라믹 관련 소재 시장도 그 수요가 크게 증가할 것으로 예상된다.

④ 바이오세라믹 소재·부품

국내 바이오세라믹스 소재시장도 치과용, 정형외과용, 생체이식용 전자기기, 수술 및 진단기기용 세라믹스를 포함하여 수요가 크게 증가할 것으로 예상된다.

---

38) 중소·중견기업 기술로드맵 2018-2020 금속및세라믹소재, 중소기업청

가. 광·전자 세라믹 시장[39]

국내 광·전자 세라믹 시장의 확대에 따라 광·전자 세라믹 소재의 수요가 지속적으로 확대될 전망이다. 한국은 반도체, 자동차, 디스플레이 분야 세계 최고 기술을 보유하고 있는 역량을 기반으로 광·전자 세라믹 기술 우위 확보가 가능하며, 광·전자 세라믹 소재 관련 시장은 더 큰 효과를 볼 것으로 예상된다.

국내 전자 세라믹 산업의 수요를 미국시장을 기준으로 추정해 보면, 2016년에 2조 4천억에서 2021년에는 2조 9천억 원으로 증가할 것으로 예상된다. 국내 광·전자 세라믹스 수요는 2015년 이후 매년 4% 내외의 성장을 지속하고 있다.

구분		2016	2017	2018	2019	2020	2021	성장률 (%)
원료		9,515	9,810	10,114	10,448	10,793	11,117	3%
소재 및 부품	압전성 세라믹	2,207	2,306	2,410	2,528	2,652	2,758	4%
	유전성 세라믹	2,506	2,619	2,737	2,871	3,012	3,132	4%
	절연성 세라믹	3,242	3,388	3,540	3,713	3,895	4,051	4%
	전도성 세라믹	886	926	969	1,016	1,066	1,109	4%
	자성 세라믹	4,851	5,069	5,297	5,557	5,829	6,062	4%
	반도성 세라믹	1,035	1,082	1,131	1,186	1,245	1,295	4%
합계		24,241	25,200	26,198	27,325	28,499	29,354	3%

* 출처 : Advanced Ceramics, Industrial Study #2794, Freedonia, 2011. 09.
　참조1: 미국시장을 기준으로 세계시장은 미국시장의 4배로 추정, 한국시장은 세계시장의 1/20로 추정하였으며 환율은 1,100원/달러로 하여 계산, 추정함

[표 26] 광·전자 세라믹 국내 시장규모 및 전망 (단위: 억 원)

---

39) 중소·중견기업 기술로드맵 2018-2020 금속및세라믹소재, 중소기업청

나. 에너지·환경 세라믹 시장[40)]

국내 환경 세라믹 시장은 2016년 기준으로 원료 및 소재·부품 포함 약 300억 원 이상의 시장을 형성하고 있으며 매년 약 4.5%의 성장을 유지할 것으로 전망된다. 환경관련 에너지, 자원 분야는 전체 환경시장의 절반 이상을 차지하고 있어서 관련 세라믹의 시장수요는 지속적으로 증가할 것으로 예상된다.

향후 성장세가 두드러질 분야로는 환경 관련 청정기술 및 공정개선 기술 등을 들 수 있고 에너지 관련 분야로는 신재생 에너지, 에너지 변환 및 저장소재 등이 될 것으로 예상된다. 환경오염 방지산업에 쓰고 있는 필터는 주로 고분자섬유나 금속 필터가 주종을 이루고 있으나, 점차 특성이 우수한 세라믹 필터로의 대체가 이루어지고 시장의 급격한 증가가 예상된다.

자동차 배기가스 처리를 위한 공해방지용 촉매시장과 세라믹 담체시장의 규모는 현재 환경 세라믹 시장규모 중 가장 큰 규모를 형성하고 있다.

주요품목	2016	2017	2018	2019	2020	2021	성장률 (%)
에너지·환경 세라믹 원료 분말	270	285	301	318	336	355	5.6
에너지 세라믹 소재/부품	491	535	583	635	692	753	8.9
환경 세라믹 소재/부품	309	323	338	353	369	385	4.5
합계(억 원)	1,072	1,143	1,221	1,306	1,400	1,501	7.2

*Advanced Ceramics, Industrial Study #: 3091, Freedonia, 2013.11

(주 :2016년 미국시장 기준, 세계시장은 미국시장의 4배, 한국시장은 세계시장 1/20로 추정, 환율 1,100원/달러 계산, 에너지 및 환경관련 소재/부품 시장에서 세라믹 소재로 한정한 시장은 전체의 1/10로 추정)

[표 27] 에너지·환경 세라믹의 국내 시장규모 및 전망 (단위: 억 원)

---

40) 중소·중견기업 기술로드맵 2018-2020 금속및세라믹소재, 중소기업청

다. 바이오세라믹 시장[41]

국내 바이오세라믹 시장은 2016년 약 3,700억 규모로서 2021년에는 4,400억 규모로 성장할 것으로 예상된다.

구분	2016	2017	2018	2019	2020	2021	성장률 (%)
국내시장	3,705	3,835	3,969	4,108	4,252	4,401	3.5

[표 28] 바이오세라믹의 국내 시장규모 및 전망 (단위: 억 원)

국내에서 개발·생산되는 바이오세라믹 소재 관련 제품은 다양하지 않으나, 생산하는 업체의 숫자는 많은 편으로, 대부분 치과용 임플란트 업체를 모기업으로 하는 기업과 작은 규모의 영세한 기업 등이 대부분이다.

제품으로는 대부분 인공적으로 합성한 인산칼슘계 세라믹을 이용한 골대체재가 주를 이루고, 인산칼슘계 세라믹을 이용한 치과용 임플란트의 표면개질 제품과 골 시멘트도 생산된다. 치과용으로 세라믹 도재가 생산되고 있고, 최근 들어 올세라믹(All Ceramic) 타입의 지르코니아 블록 제조회사가 많이 등장하고 있으나, 생산규모와 기술적인 면에서 세계적인 기업과 많은 격차를 보이고 있다.

현재 많은 기업들이 골형성이 향상된 골대재 소재를 개발하기 위해 골 성장인자나 약물을 골 이식재에 접목시키는 기술을 상품화 진행하고 있고, 국내 여러 치과용 임플란트 회사들은 임플란트 표면에 생체적합성이 우수한 인산칼슘계 세라믹으로 코팅하는 기술을 개발 하고 있다.

최근 유·무기 나노복합체를 개발해 골 대체물로 이용하는 기술, 고 내마모성 인공관절 개발, 생체활성 결정화유리를 이용한 경추 및 요추 추간판 대체재 개발 등이 진행되고 있다.

국내 인공관절 시장은 거대자본과 기술력을 바탕으로 한 외국계 기업에 점유되었으나, 한국형 체형에 적합한 인공관절이 국산화 개발이 되고 있어 수입대체 효과가 클 것으로 기대된다.

---

41) 중소·중견기업 기술로드맵 2018-2020 금속및세라믹소재, 중소기업청

V. 국외 세라믹 시장 동향

5. 국외 세라믹 시장 동향[42]

세계 세라믹 시장은 2015년 3,193억불 규모에서 연 평균 7.8%씩 성장하여 2025년 6,767억 불에 다다를 것으로 전망된다. 2015년 시장의 60%를 중국, 동남아, 아프리카 등 후발국 건설 수요를 토대로 시멘트, 유리가 포함된 전통 세라믹이 차지하고 있었으나, 첨단세라믹의 비중 이 빠르게 성정하면서 전체 세라믹 시장에서 차지하는 비중이 높아질 것으로 전망된다.

구분		2015	2016	2017	2020	2022	2025	CAGR
세라믹		3,193.0	3,442.1	3,710.6	4,648.3	5,401.8	6,766.9	7.8%
	첨단	1,286.7 (40.3%)	1,397.3 (40.6%)	1,517.5 (40.9%)	1,943.7 (41.8%)	2,292.4 (42.4%)	2,936.1 (43.4%)	6.9%
	전통	1,906.3 (59.7%)	2,044.7 (59.4%)	2,193.1 (59.1%)	2,704.7 (58.1%)	3,109.4 (57.5%)	3,830.8 (56.5%)	2.2%

자료 : Wintergreen Research(2014), Grand View Research(2014, 2016), Global Industry Analysts(2016)을 참조하여 ㈜기술과가치 추정 [43]

[표 29] 국외 세라믹 시장 현황 및 전망 (단위 : 억달러)

2017년 일본 미쓰비시종합연구소는 첨단세라믹의 분야별 전망 보고서를 발표했다. 일본 미쓰 비시종합연구소의 보고서에 따르면 첨단세라믹 시장은 2025년 4,245억불에 다다를 것이며 첨 단세라믹 분야별로는 전자(2,554억불), 엔지니어링(1,343억불), 바이 오(228억불), 에너지 환경 (120억불) 세라믹 순으로 높게 전망되었다. 첨단세라믹 시장은 항공·우주용 엔지니어링 세라믹 과 바이오 세라믹[44]을 제외하면 대부분 일본[45]이 기술을 선도하고 있다.

구분		2025(억달러)	선도국	주요 기업
전자세라믹	자성재료	1,518	일본	히타치, TDK, 신에츠
	압전재료	365	일본	무라타, TDK
	MLCC	655	일본	무라타, TDK
	방열기판	16	일본	도시바, 미쓰비시
소계		2,554	-	-

[표 30] 2025년 첨단세라믹 분야별 시장 전망

---

42) 첨단세라믹 산업현황 및 성장기업 분석을 통한 정책지원방안 수립, 기술과가치, 2017.11
43) 첨단세라믹 산업현황 및 성장기업 분석을 통한 정책지원방안 수립, 기술과가치, 2017.11
44) 항공·우주용 엔지니어링 세라믹(미국, GE), 바이오 세라믹(유럽, Straumann)
45) (FC Roadmap 2050 핵심 기술) 코팅, 소성 공정/저온소성/無소성, CMC, 3D 프린팅, 시뮬레이션, 압전액추에이터, 전도성 제어, 희토류 대체, 계산재료 설계, 투명/플레 서블 세라믹

구분		2025(억달러)	선도국	주요 기업
엔지니어링 세라믹	CMC/EBC/TBC	69	미국, 일본	SiC섬유 : NGS(일본) SiC CMC : GE(미국)
	내식/내마모재료	58	미국, 일본	GE(美), 일본정공, NTN, 도시바 머테리얼
	내열 재료	408	일본	쿠로사키, 일본가이시
	초고강도 재료	808	일본	일본텡스텐, 교세라
소계		1,343	-	-
에너지·환경 세라믹	필터재료	31	일본	일본가이시, 노리타케
	전해질재료	89	미국	도요타, 이데미츠
소계		120	-	-
바이오세라믹	생체재료	228	유럽	Straumann Holding
합계		4,245	-	-

자료 : 미쓰비시종합연구소(2017)

주 : 세라믹 필터 분야의 '노리타케'의 경우, 도자기 1차 제품을 주력 생산하는 전통 분야 강자이면서 첨단세라믹 분야 진출

[표 31] 2025년 첨단세라믹 분야별 시장 전망

전체 세라믹 소재의 글로벌 시장규모는 2013년 365억 달러, 2015년 418억 달러, 2018년 512억 달러로 연평균 약 7.0%씩 성장할 것으로 전망되며 세라믹소재 분야의 고도성장은 정보·통신 분야, 에너지·환경·바이오 관련 분야의 새로운 수요증가에 기인한다. 전체 세라믹 시장은 일본과 미국이 각각 40%, 29.8%로 세계 최대 시장을 형성하고 있으며, 공급 측면에서도 일본이 전체 생산의 50% 이상을 차지하고 있다.

구분	2016	2017	2018	2019	2020	2021	CAGR
전자세라믹 소재·부품	22,831	24,132	25,507	26,626	28,144	29,748	5.7
기계구조 세라믹 소재·부품	14,823	16,038	17,353	18,330	19,833	21,459	8.2
환경세라믹 소재·부품	7,114	7,747	8,437	8,937	9,732	10,599	8.9
바이오 세라믹 소재·부품	12,770	13,483	13,954	14,426	15,032	15,663	4.2
합계	44,784	47,934	51,315	53,912	72,741	77,469	7.6

출처 : Advandced Ceramics Industry Study #2794, Freedonia, September 2011 (미국시장을 전체 세계시장의 30%로 보고 추정)

바이오세라믹 관련, BCC Research, Acmite Market Intelligence 등의 자료 참고하여 전망치 추정

[표 32] 세계 세라믹소재 산업의 시장규모 및 전망 (단위,: 억원, %)

46)

① 전자세라믹 소재·부품

전자세라믹소재의 주요시장인 디스플레이, 이동통신, 메카트로닉스용 세라믹 부품관련 시장은 연평균 20% 이상의 성장이 진행되고 있으며 반도체 세계시장은 PC, 모바일 기기에 이어, DTV, 전기자동차, 태양광 등으로 확대되어 지속적인 성장이 진행될 것으로 전망된다.

② 기계구조세라믹 소재·부품

국가별 시장 점유율은 미국 27%, 일본,19%, 한국 2% 그리고 유럽 및 기타국가가 52%를 차지하고 있다. 구조 세라믹 시장은 전자 세라믹 시장과 달리 일본 편중 현상이 두드러지지 않은 편이다.

③ 에너지·환경 세라믹 소재·부품

세계 세라믹 시장 중에서 환경 세라믹 소재·부품 분야의 시장 점유율은 가장 낮으나, 향후 연평균 성장률은 가장 높을 것으로 예상된다. 에너지 분야에서는 친환경 자동차, 소형로봇, 전동공구, 우주항공 및 방위산업 등에서의 신시장 창출로 리튬이차전지 및 연료전지에 대한 수요가 크게 증가할 것으로 예상된다.

④ 바이오세라믹 소재·부품

바이오세라믹스 소재는 최근 인구고령화와 함께 의료복지 산업규모가 커지고 있어 관련 소재 및 제품 수요가 확대되고 저변도 넓어질 전망이다.

---

46) 중소·중견기업 기술로드맵 2017-2019 세라믹소재, 중소기업청

가. 광·전자 세라믹[47]

세계 광·전자 세라믹 시장의 확대에 따라 광·전자 세라믹 소재의 수요가 지속적으로 확대될 전망이다. 광·전자부품용 세라믹소재 시장은 세계 시장의 70% 이상을 미국과 일본이 차지하고 있으며, 세계 수요는 2016년에 441억 달러였던 것이 계속적으로 연평균 4.3%로 성장하여 2021년에는 540억 달러가 될 것으로 예상되는데 세계 수요의 대부분을 현재도 미국과 일본이 차지하고 있으며, 이는 앞으로도 계속될 것으로 예측된다.

구분		2016	2017	2018	2019	2020	2021	성장률 (%)
원료		17,300	17,836	18,389	18,996	19,623	20,271	3.3
소재 및 부품	압전성 세라믹	4,013	4,194	4,383	4,598	4,823	5,059	4.9
	유전성 세라믹	4,548	4,753	4,967	5,210	5,466	5,734	4.9
	절연성 세라믹	5,885	6,150	6,427	6,742	7,072	7,419	4.9
	전도성 세라믹	1,605	1,677	1,752	1,838	1,928	2,022	4.9
	자성 세라믹	8,828	9,225	9,640	10,112	10,608	11,128	4.9
	반도성 세라믹	1,873	1,957	2,045	2,145	2,250	2,360	4.9
합계		44,052	45,792	47,603	49,650	51,785	54,012	4.3

* 출처 : Advanced Ceramics, Industrial Study #2794, Freedonia, 2011. 09.
  참조1: 미국시장을 기준으로 세계시장은 미국시장의 4배로 추정, 한국시장은 세계시장의 1/20로 추정하였으며 환율은 1,100원/달러로 하여 계산, 추정함 (단위:백만 달러)

[표 33] 광·전자 세라믹 세계 시장규모 및 전망 (단위: 백만 달러)

---

47) 중소·중견기업 기술로드맵 2018-2020 금속및세라믹소재, 중소기업청

나. 에너지·환경 세라믹 시장[48]

전 세계적인 환경오염에 대한 관심으로 관련 시장의 확대에 따라 환경 세라믹의 수요는 지속적으로 확대될 전망이다. 환경관련 에너지, 자원 분야는 전체 환경시장의 절반 이상을 차지하고 있어서 관련 세라믹의 시장수요는 지속적으로 증가할 것으로 예상된다.

환경오염 방지산업에 쓰고 있는 필터는 주로 고분자섬유나 금속 필터가 주종을 이루고 있으나, 점차 특성이 우수한 세라믹 필터로의 대체가 이루어지고 있어서 선진국을 중심으로 산업화가 활발하게 진행되고 있으며, 국내업체에서는 Ultrafiltration 영역까지 적용할 수 있는 여과막 제조기술을 축적하고 있다. 수질정화용 멤브레인 시장은 어느 특정지역에 국한 되지 않고 세계적으로 골고루 형성되어 있으며 앞으로 물 부족 국가 증가와 함께 산업 및 인간의 생존을 위하여 그 시장의 급격한 증가가 예상된다.

향후 성장세가 두드러질 분야로는 환경 관련 청정기술 및 공정개선 기술 등을 들 수 있고 에너지 관련 분야로는 신재생 에너지, 에너지 변환 및 저장소재 등이 될 것으로 예상된다. 에너지 세라믹 분야에서는 친환경 자동차, 소형 로봇, 전동 공구, 우주·항공 및 방위산업 등에서 신시장이 창출되어 리튬이차전지 및 연료전지에 대한 수요가 크게 증가할 것으로 예상된다.

세계 및 국내 환경시장의 지속적인 증가로 자동차 배기가스 처리를 위한 공해방지용 촉매시장은 최근 10여 년간 최고의 성장을 기록하고 있고 그 영향으로 세라믹 담체시장의 규모도 현재 환경 세라믹 시장규모 중 가장 큰 규모를 형성하고 있다.

주요품목	2016	2017	2018	2019	2020	2021	성장률 (%)
에너지·환경 세라믹 원료 분말	486	506	528	551	575	599	4.3
에너지 세라믹 소재/부품	1,374	1,461	1,565	1,670	1,782	1,901	6.7
환경 세라믹 소재/부품	686	736	789	846	907	972	7.2
합계(억 원)	2,546	2,704	2,881	3,077	3,286	3,510	6.8

*Advanced Ceramics, Industrial Study, #3091, Freedonia, 2013.11.
(주 :2016년 미국시장 기준, 세계시장은 미국시장의 4배, 한국시장은 세계시장 1/20로 추정, 환율 1,100원/달러 계산, 에너지 및 환경관련 소재/부품 시장에서 세라믹 소재로 한정한 시장은 전체의 1/10로 추정)

[표 34] 에너지·환경 세라믹의 세계 시장규모 및 전망 (단위: 백만 달러)

---

48) 중소·중견기업 기술로드맵 2018-2020 금속및세라믹소재, 중소기업청

다. 바이오세라믹 시장[49]

2021년 세계 바이오세라믹 시장은 179억 달러 규모로 성장이 추정되고 있고, 연평균 성장률은 약 6.2%로 예상된다.

구분	2016	2017	2018	2019	2020	2021	성장률 (%)
세계시장	132.8	141.0	149.7	159.0	168.9	179.0	6.2

[표 35] 바이오세라믹의 세계 시장규모 및 전망 (단위: 억 달러)

바이오세라믹 소재시장은 치과용, 정형외과용, 생체이식용 세라믹을 포함하며 주요 재료는 알루미나 및 지르코니아 세라믹 소재로 구성된다. 용도별로 고관절 등 정형외과용 수요 다음으로 인공치관용이 약 38%를 점유했다.

세계 바이오세라믹 시장을 주도하는 38개 기업 중에서 미국기업이 26개사, 유럽기업이 22개사로서 미국과 유럽기업이 바이오세라믹 시장을 지배하며, 일본도 4개 기업이 활발히 활동하고 있다. 인공관절 산업의 세계시장 점유율은 미국의 CeramTec, Zimmer, DePuy, Stryker, Biomet사와 영국의 Smith & Nephew 사가 90% 정도를 장악하고 있으며, CoorTek사는 고관절 사업확장 5개년 계획을 추진 하고 있다. 세계 치과용 골이식재 시장은 Geistlich, Dentsply, Osteotech, Regeneration Technology, Tutogen Medical 상위 5개사가 전체 시장의 80% 이상을 점유하고 있는 과점시장이다.

바이오세라믹 등 생체소재는 의료기기 특성상 다른 산업과 구별되게 각 국가들의 정부에서 제조과정, 생산시설, 품질관리를 엄격하게 규제하고 있다. 대부분의 생체소재 제조기업들은 일반 산업용 동일 원소재도 함께 생산하지만, 각 나라별 식품의약품안전청의 사전 제조 허가를 받아 생산하기 때문에 일반 산업용 생산량에 비해 의료용은 소량이다.

인공관절 분야 시장은 고령인구의 급증, 국가보험체제에 의한 보호, 성장은 점진적이나 국가 차원에서 보호되는 시장 특성을 가지고 있다. 인공관절은 고부가가치 시장으로, 현재 시판되는 인공관절의 가격은 소재제조 및 가공원가에 비해서 대단히 높게 책정된다.

바이오세라믹 소재 중 인산칼슘계 세라믹소재는 생체적합성이 다른 소재에 비해 우수해 인공골대체물로 사용돼 왔으나, 인산칼슘계 세라믹소재 자체가 가지는 낮은 기계적 물성 때문에 큰 하중을 받지 않는 부위와 치과용 영역에 국한돼 응용된다.

골 대체물로서 인산칼슘계 소재의 기계적 강도를 획기적으로 향상시키는 연구보다는 원료합성, 미세기공 도입 및 콜라겐 등의 골형성 물질 코팅을 도입해 골전도성과 골유도성을 향상시키면 다양한 외과적 활용 효과를 기대할 수 있다.

---

49) 중소·중견기업 기술로드맵 2018-2020 금속및세라믹소재, 중소기업청

고령화에 따른 치과용 및 정형외과용 임플란트의 보급이 활성화됨에 따라 이들 표면에 생체활성을 갖는 표면개질 신기술이 개발되면 생체 세라믹 원료 분말에 대한 수요가 지속적으로 증가할 것으로 기대된다.

고관절 보철물로 생체불활성 생체세라믹 골두가 1990년대 초부터 사용돼 왔는데, 지금까지 유럽지역에서만 약 2백만개 이상의 알루미나 골두가 사용되었다. 골두를 알루미나 보다 높은 기계적 강도와 인성을 지닌 지르코니아를 사용해 환자에 따라 골두의 크기를 작게 하거나 지지대(stem)의 골두 삽입 부분 길이를 조절하는 등 고관절전치술 보철물 디자인에 융통성을 부여할 수 있게 돼, 인공관절용 세라믹소재 산업은 지속적으로 성장할 전망이다.

자연치아와 동일한 투과성을 가질 뿐만 아니라 인공 치아로서 적합한 기계적 물성과 생체 특성을 갖는 지르코니아 소재를 이용한 심미보철치료 산업이 급성장하고 있다. 인공치아용 지르코니아 원료분말 및 블록의 수요 등이 급증할 것으로 기대되며, 인공치아 제작을 위한 CAD/CAM 시스템이 개발돼 전도재관 및 브릿지 제작 공정이 더 쉬워져 인공치아용 바이오세라믹 소재시장이 획기적으로 커질 것으로 기대된다.

1990년대 중반부터 활발한 조직공학적 골 재생에 대한 연구는 현재의 골 조직 이식방법에서 발생 가능한 모든 문제점을 해결할 수 있는 가장 이상적인 방법으로서, 조직공학적 골 조직을 이용해 선천적 또는 후천적인 골조직의 결함을 효과적으로 치료할 수 있을 것으로 예상된다. 조직공학적으로 골조직을 재생하는 기술이 상업화 단계까지 이르지 않아 바이오세라믹 지지체 시장형성은 초기단계이지만, 조만간 시장이 형성될 것으로 기대된다.

의료용 바이오세라믹 소재별 시장은 알루미나 및 지르코니아가 연 6% 이상 성장하며, 북미 시장 규모는 약 40억 달러이며, 유럽시장 규모는 전 세계시장의 약 40%를 차지한다.

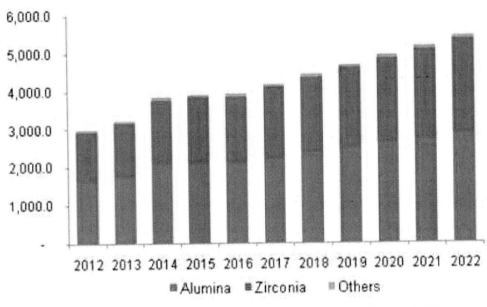

[그림 27] 미국의 바이오세라믹 소재별 시장전망 (단위: 100만 $)

VI. 세라믹 기술 동향

6. 세라믹 기술 동향

분야		현재 기술	개발 방향
광·전자 세라믹	유전체 소재	•High-k 성장기술, 복합 유전체 성장 •저온 공정 기술	•금속 및 반도체와의 열역학적으로 안정한 계면 특성 확보 •초박막화 및 초고집적화 실현
	압전체 소재	•MEMS/NEMS 기술을 이용한 소형화 •압전효과를 이용한 나노발전 기술	•대변위, 저전압 구동, 환경친화적 압전재료 개발 •대면적화 및 모듈화 실현
	반도성 세라믹	•대면적화, 고집적화, 저비용 기술 •저온, 유연, 투명, 고전도성 기술	•고성능의 초박막화, 대면적화 •고이동도, 고전도도화 •고전도성 전자파 차혜와
	자성 소재	•마이크로/나노 자성체, 초상자성효과 •Reproducibility •고투자율, 단자구 크기 제어 기술	•저전력, 대용량화, 저손실 •고감도화, 고집적화, GHz 고주파화 •경량 고전자파 흡수화
	광/단결정 소재	•고품질의 세라믹 단결정 제조 기술	•광학적 비선형 나노 소재 개발 •소자 연계성 성장 기술
	초전도소재	•박막 및 선재형 초전도 재료 성정	•저비용 고성능의 공정 기술 개발
	절연소재	•고온에서의 소결 공정 기술	•고절연성, 고내열성, 고방열성이 복합 재료 •저온 공정을 통한 후막 제조 기술
	센서소재	•MEMS 기술을 이용한 센서의 소형화 및 집적화	•인체 모니터링을 위한 웨어러블 바이오센서 소재 개발
에너지·환경 세라믹	에너지 저장소재	•리튬이온전지 중심의 에너지저장 •유기계 액체전해질 기반 전지	•나트륨이온전지 등 非리튬이온전지 중심의 에너지저장 •고체전해질 기반의 전고체전지
	에너지 변환소재	•SOFC단전지, 밀봉재, 분리판, 집전체 등 핵심부품 개발 단계 •생활용품용 저효율 열전 냉각 소재 및 모듈 기술	•SOFC 스택 및 구성소재 양산 기술, 스택 소재의 국산화 및 저가화 •정밀 전자부품, 공조시스템용 고효율 열전 냉각소재 기술
	환경 기능성 소재	•할로겐계 난연재, 흄드실리카 단열재 •흡수제, 고분자 분리막을 통한 수처리 및 기체 분리 기술	•친환경 초단열 에어로겔 단열재 •극한환경에서 구동 가능 나노기공 다공성 세라믹 멤브레인 기술
	기타 소재	•수송기기 및 플랜트용 세라믹 촉매 지지 체 및 필터의 수입 •소각로용 금속 열 교환기 튜브 •산화물계 스마트윈도우 코팅재	•세라믹 촉매 지지체 및 필터 기술 고도화를 통한 환경규제 대응 •고온 열교환기용 세라믹 튜브 •Calcogenide계 스마트윈도우 코팅재

[표 36] 세라믹 기술 개발 현황

분야		현재 기술	개발 방향
기계·구조 세라믹	내열·방열 소재	•저열 전도성 기판 기술 •중온용 접합 소재 기술	•고 전기/열 전도성 소재 제조 기술 •초고온용 접합 소재 기술
	구조소재	•고강도 고인성 조절 기술 •비산화물계 내화물 제조기술	•대형 초정밀 구조 소재 기술 •비산화물 구조 소재 초정밀가공 기술
	극한환경 소재	•마이크로 스케일 코팅구조 제어기술, 고 온 대기 스프레이 코팅기술 •고경도 내구성 하드코팅기술	•나노-스케일 표면구조 제어기술, 치밀질 고속 대면적 진공증착 기술 •항공 우주용 열차폐 소재 및 고내구성 코팅 기술
	기계가공성 소재	•난삭 세라믹 연마기술 •수 마이크론 정밀 가공기술	•쾌속 정밀 대형 세라믹 소재 및 가공기술 •수십 나노미터 정밀가공기술
	다공성정밀 소재	•다공성 소재의 가공 기술 •고강도, 고인성, 경량화 기술	•기공 배열에 의한 저항제어 진공척 •정밀가공을 통한 반도체, LCD용 치구 응용기술
융·복합 세라믹	나노소재 및 하이브리드 소재	•나노 wire/sheet 제조 기술 •이종재료 복합화 기술	•기능성 나노 wire/sheet 제조 기술 •다기능성(multi-functional)
	나노잉크 소재	•첨가제에 의한 고분산 기술 •물리화학적 전면코팅 기술	•다목적 분산 기술 •나노 잉크용 저가 분말 제조 기술
	탄소복합 소재	•단결정 및 소결용 분말 합성기술 •카본소재 합성 기술	•습식공정 TCO 박막 코팅 기술
	세라믹섬유	•섬유용 프리세라믹 합성 기술 •세라믹 섬유 방사 기술	•극세사 섬유 복합재 제조 기술 •초고온/내열 섬유 복합재 제조
	기타 나노·융복합 소재	•포토, 에칭을 이용한 탑다운 패턴 기술 •2차원 나노패터닝 기술	•나노잉크를 사용한 바텀업 패턴 기술 •3차원 나노패터닝 기술

[표 37] 세라믹 기술 개발 현황

분야		현재 기술	개발 방향
바이오 세라믹	조직재생 소재	•3차원 매크로 기공 구조 제어 기술 •생체활성물질 표면흡착 기술	•기능맞춤형 계층적 기공구조 및 형상 구현 기술 •장기서방형 생리활성물질 담지기술 •세포-세라믹 프린팅 기술
	조직대체 소재	•고강도 내마모성 의료부품 제작기술 •표면코팅에 의한 생체활성 향상기술	•이식부위별 형상 및 기계적 물성 맞춤형 제작기술 •표면구조제어 및 기능성물질을 이용한 생체적합성 및 치료효율 향상기술
전통 세라믹	유리	•IR 투과유리 광통신 •생활용품용 장섬유 유리 제조 기술	•광대역 IR 윈도우 투명 세라믹 •메가구조체 적용을 위한 안전 유리 섬유 및 직조기술
	포틀란트/ 기능성 시멘트	•산업 폐기물 함유 시멘트 •경화속도 중심 개발	•메가구조체 적용을 위한 기능성 시멘트 •탄소저감 지오폴리머 및 나노 복합체
	도자세라믹	•단순 평면 디자인, 색상 한계 •저해상도 스크린 프린팅	•디지털 기술과 융합된 물절약 기능 추가 •3차원 디자인(양각, 음각), 색상 다양화
	내화물	•고내열, 고강도 내화물 기술 •저가 제조 기술	•다양한 소재를 적용한 경량 내화물제조 기술
원료·공정 및 설비기술	분체 및 원료 합성기술	•전자 산업용 소재 분야 •기계산업 적용 소재 분야	•에너지 환경 소재 분야 •휴대/고집적 전자기기 적용 소재 분야
	소성기술	•전통적인 소결 기술 •가압 소결(HP,HIP)	•FAST(Field Assisted Sintering Tech) •Microwave Sintering
	박막 및 코팅기술	•반도체 소자용 박막 •단일 소재, 단순 구조 박막 공정	•대형화, 박형화를 위한 박막 공정 •Atomic, Layer Deposition(ALD)을 이 용한 고정밀, 초박형화

[표 38] 세라믹 기술 개발 현황

50)

50) 중소·중견기업 기술로드맵 2018-2020 금속및세라믹소재, 중소기업청

가. 기술환경 분석[51]

1) 광·전자 세라믹

① 유전/압전 세라믹 기술

세계의 유전/압전체 시장은 20세기 후반 반도체 산업 성장을 기점으로 모바일 산업, 디스플레이/반도체 산업, 자동차 산업에 의해 촉진되어 지속적으로 성장하고 있다. 향후 Smart TV, tablet을 중심으로 OLED, LED 기술 및 3D, 투명 전자기기 및 플렉서블 기기 분야 시장의 지속적 성장이 예상된다.

② 반도성/센서 세라믹 소재

반도성 세라믹스와 이를 응용한 각종 전자부품(varistor 등)과 센서(온도: PTC/NTC thermistor, 화학)의 세계시장(2016년)은 각각 19억 달러와 136억 달러로 형성되었다. 전자정보통신 산업의 지속적인 발전으로 스마트 IT 기기와 디스플레이 및 IoT 산업분야에 필요한 소재부품의 수요가 계속 증가할 것으로 예상된다. 이에, 향후 반도성 세라믹관련 산업은 2025년 세계 28억 달러(CAGR 4.5%), 온도 및 화학센서는 2025년 세계 각각 109억 및 149억 달러(CAGR 6.1% & 8.3%)로 성장할 것으로 예상된다.

③ 자성세라믹 기술

스마트폰에 NFC 및 무선충전기능의 탑재가 일반화됨에 따라 관련 자성소재 및 부품의 시장의 지속적인 성장이 예상되며, 기존의 인덕터, 페라이트 코어 등의 성장은 저하될 것으로 예상된다. 자동차용의 소형모터 및 EV/HEV 관련 구동 모터 관련 자성소재 및 부품은 증가가 예상된다.

④ 광·단결정 소재

GaN 기판 시장은 LD와 LED 기반의 광소자를 중심으로 시장을 형성하고 있으며 특히 고출력 LED용 기판 시장이 지속적으로 증가 추세를 보이고 있다. 2017년부터는 파워전력용 소자에 GaN 기판이 적용되고 고출력, 고신뢰성 LED 시장에서 활용도가 급격히 증가되며 매년 25% 이상의 고성장이 가능 할 것으로 예상된다.

⑤ 전력반도체용 세라믹 단결정 소재

차세대 전력반도체에 적용되는 단결정세라믹소재는 SiC 와 GaN 등 와이드밴드갭 단결정 벌크기판과 에피박막에 대한 니즈가 높다. 또한, 산업 고효율화 및 에너지신산업 성장으로 인하여 전력반도체용 에너지단결정의 수요는 지속적으로 증가할 전망이다.

현재까지는 실리콘기반의 전력반도체가 널리 사용되고 있으나 SiC, GaN 등 소재는 실리콘 대비 우위의 성능을 갖고 있어 하이엔드시장을 중심으로 성장하고 있다. SiC 및 GaN 에너지 단결정의 전체 시장규모는 2013년 1억 불에서 2025년 350억 불로 연평균 60%이상 급격히 성장할 것으로 예상된다.

---

51) 중소·중견기업 기술로드맵 2018-2020 금속및세라믹소재, 중소기업청

2) 기계·구조 세라믹

반도체 공정장비용 소재에 대한 국내의 연구는 최근 10여 년 전부터 본격적으로 시작되었으며 최근 급부상하고 있는 비산화물계인 AlN, SiC는 약 5, 6년 전부터 본격적인 연구가 시작되었으나 선진국 특히 일본과의 격차를 좁히지 못하고 있다. 그러나 최근 일부 업체에서 정전 척이나 질화규소 히터 등의 고부가가치를 갖는 부품 개발에 성공하여 점차 기술 격차를 좁히고 있는 추세다.

기계·구조 세라믹 재료는 반도체 기계, 항공, 우주, 국방, 자동차, 발전 산업 등의 국가 기간산업 전반에 폭 넓게 사용되고 있어, 이 분야 세라믹의 발전은 관련 산업 발전에 미치는 효과가 클 뿐만 아니라 기존 산업 분야에서의 경쟁력 유지나 신산업 분야 개척에 큰 도움이 될 것이기 때문에 점차 기술 개발에 대한 수요가 증가할 것으로 예측된다.

세라믹 소재와 관련 산업은 정부의 신성장동력 및 주력산업고도화에 필수 불가결한 핵심소재로 지속적인 지원과 집중 투자가 요구되는 산업으로서, 최근의 ICT 융합기술 고도화 및 기술융복합을 통한 주력산업 고부가가치화 견인을 위해 세라믹소재 원천기술과 핵심소재기술 개발이 시급하다.

3) 에너지·환경 세라믹

세라믹 필터는 촉매나 기공구조를 이용한 촉매반응 및 분리, 또는 이들의 동시조합에 의해 대기 및 물 오염원을 효율적으로 제거할 수 있는 무기 세라믹 소재로, 대기 및 수질정화용 필터, 자동차 배기가스 및 미세입자 정화용 필터, 탈질용 촉매필터, 생활환경용 필터 등을 포함한 다양한 제품시장을 확보할 수 있다.

리튬이온전지로 대표되는 이차전지는 이동통신용 모바일 기기, 전기자동차 등의 수요증대와 더불어 급격히 성장하고 있어서 이를 구성하는 양극재, 음극재, 분리막, 전해질막 등 관련 세라믹인 시장이 급속히 팽창하고 있다.

청정에너지인 연료전지 분야에서는 수~수십 kW급 가정용 및 수백 mW급 대용량 발전용 전지와 군사용으로 개발된 수 W급 휴대용 전지가 상용화되고 있어서 고체 산화물 세라믹을 이용한 연료전지 시장이 가장 유망한 분야로 부각되고 있다.

국내외적인 환경규제법상 대기오염기준이 매년 강화되는 추세로 인하여 대기 및 수질오염원을 저감하거나 제거하기 위한 기술로 다공성 물질을 이용한 필터 소재, 특히 세라믹 소재를 기본으로 하는 필터에 대한 수요가 증가하고 있으며, 대기 및 수질정화용 세라믹 멤브레인, 자동차용 배기가스 및 입자상 유해물질 저감을 위한 세라믹 필터를 중심으로 기술개발과 산업화가 중점적으로 추진되고 있다. 세라믹 멤브레인은 오일정화와 같이 세라믹 특성을 최대한 살릴 수 있는 가혹조건에서의 응용을 위해 최근에는 나노기술을 이용하여 기공의 표면에 특수 목적의 촉매가 담지된 형태의 촉매 및 분리복합 기능성 세라믹 멤브레인에 대한 기술이 개발되어 제품화되고 있다.

생활환경 분야에서도 공기정화용 필터, 정수기용 필터, 소취/탈취/방취제, 자동차의 에어필터 등에서 고효율, 고성능의 유해물질 제거를 목적으로 나노기술을 접목시킨 세라믹 필터에 대한 산업화가 진행되고 있으며 잠재적인 시장능력은 기존의 산업용 시장을 능가할 것으로 예측된다.

나. 해외업체 동향[52]

전자세라믹부품에서 가장 큰 시장규모를 확보하고 있는 적층형 캐패시터는 세계적으로 일본 Murata가 꾸준히 우위를 점하고 있으며, 대부분의 소재를 자체 생산하고 독자적인 공정기술을 확보하고 있다.

일본의 아사히 글라스는 1980년대부터 비정질 실리콘 박막 태양전지용 투명전도막 코팅유리 기판을 개발하기 시작하여 다양한 표면 형상을 갖는 제품을 출시하였고, 영국의 필킹톤을 인수 한 NSG(Nippon Sheet Glass)는 태양전지용 기판유리 제품을 시장에 지속적으로 공급하고 있다. 아사히는 업용 및 건축분야 복합소재에 주력하여, 강화재인 유리섬유의 세계시장 점유율은 4.3%이고, 복합소재의 세계시장 2.3%를 점유하고 있다.

일본과 대만이 수요기업으로 50% 이상을 형성하고 있는 터치패널은 일본의 니샤, 대만의 Jtouch, Young Fast, Wintek 등이 생산을 주도하고, 기판소재용 글라스 분말은 일본의 NEG, AGC 등과 미국의 DuPont과 Ferro 등, 필러 소재는 Sumitomo, Showadenko, Nikei 등의 일본 메이저 업체가 대표적인 생산업체이다.

Ag 및 Cu 전극 페이스트는 일본 업체로 Shoei, Daiken, Toshiba Chemical이, 미국 업체로 는 DuPont과 Heraeus가 주로 생산하고, $BaTiO_3$ 유전체 분말은 Sakai, Fujititan, Kyoritsu, Tosoh 등의 일본 업체가 Ni 페이스트의 경우에는 가와데쯔, 스미토모, 쇼에이 등의 일본 업체 가 생산을 주도하고 있다.

적층형 세라믹에 사용되는 그라스 프리트 분말은 일본의 아사히 글라스, NEG, Nihon Yamamura Glass, 미국의 Ferro, Viox 등이 주로 생산하고, 이들로부터 원료를 구입하여 Taiyo Yuden, Toko, TDK, Murata 등이 칩인덕터 등의 부품을 생산, 전세계 시장의 70% 이상을 점유하고 있다.

공업용 합성 다이아몬드는 세계시장 규모가 현재 약 6억달러 정도로 미국의 GE와 드비어스가 전체 시장의 1, 2위를 점유하고, 코팅용 타겟은 2013년에 수요가 7억달러를 상회할 것으로 예상되고 있는데 Sputtered Films(미국), Plansee(오스트리아), Polema(러시아) 등의 기업이 주로 생산하고 있다.

반도체 장비용 소재·부품은 원소재의 경우 일본, 미국, 독일 위주로 공급되고 있으며, 고기능성 부품은 일본이 공급을 주도하고, 원소재 업체로는 일본의 신에츠, 미국의 모멘티브, 독일의 헤 라우스, 프랑스의 생고방, 부품 업체로는 일본의 NGK, Covalent, Kyocera, 신코, 도카이 카본, 도요탄소 등이 있다. 세라믹 필터는 발전 및 가스정제 설비의 구성부품으로 전체 시스템의 성능을 좌우하는 핵심원 천 소재로 미국의 Corning, 일본의 NGK 등이 Cordierite 원료를 사용하여 허니컴 형태로 필터를 생산하고 있다.

---

52) 중소·중견기업 기술로드맵 2018-2020 세라믹소재, 중소기업청

일본의 소프트 페라이트는 TDK, 후지전기화학, 동북금속, 스미토모금속, 태양유전 등의 5사가 집중 생산하고 있으며, 이중 TDK사의 점유율은 약 50%를 차지하고 있다. 일본의 하드 페라이트 업계는 TDK, 히다찌금속, 스미토모금속, 동북금속 등의 4개사가 생산량 의 대부분을 점유하고 있다. 세라믹 복합소재의 주요 업체는 ECM, Hitco, SGL Carbon Group, SIGB, BOOSTEC, Ceramic Composites, SAFRAN, Honeywell Advanced Composites, Hyper-Therm, Ultramet, Systerials, Textron, Composites Optics 등이 세계시장을 주도하고 있다.

1) 광·전자 세라믹

해외 기업들은 고화질, 고성능형태의 디스플레이, 스마트폰을 위한 각종 광·전자 세라믹 소재의 초박형, 초소형, 플렉시블 소재 및 IoT 시장에 필요한 센서소재 연구개발에 집중하고 있다.

코닝은 제 3세대 저온 및 고온공정에 적합한 고화질 디스플레이 패널용 유리(기존 대비 60% 향상)인 'Corning Lotus NXT Glass'를 2015년 출시했으며, 이후 생고뱅 세큐리트와 2016년 자동차용 경량유리 솔루션 개발을 위한 합작사를 설립했다.

아사히글라스는 차세대 5mm 이하, 플라스틱 보다 강도(20배), 열팽창률(8배 이상), 습기팽창률(100배) 개선된 초박형 LCD TV 도광판용 디스플레이 글라스 'XCV'를 2015년 출시했으며, 무라타제작소는 0201 MLCC[53)]를 2012년 세계 최초로 개발한 후 2014년 양산을 시작하였으며, 2014년 중국 전자기기 부품용 세라믹 원료 생산기지를 구축했다.

Kyocera는 애플이 2015년 9월에 출시한 아이폰6S 시리즈 부품 수요가 지속적으로 증가하면서 스마트폰 고급 핵심소재 수요가 늘어 요코하마에 연구개발 센터 개설을 추진하였으며, 파나소닉, Kyocera, 무라타 등은 수요사물인터넷 발달 및 스마트폰, 웨어러블, 자동차 등의 센서 개발 및 이미지기술을 조합한 선진운전시스템(ADAS)과 SW를 2015년 개발했다.

유전체 세라믹스인 $BaTiO_3$의 경우 Sakai, Fujititan, Kyoritsu, Toho 등 일본 업체가 주도하고 있으며, TDK, Murata, Kyocera, 마츠시타 등은 반도성/센서 세라믹 소재를 개발하고 있다.

2) 기계·구조 세라믹

해외 주요 선진 업체에서는 자동차/정밀기계, 반도체/디스플레이, 환경/에너지, 항공우주 산업 등의 수요산업 고도화에 따른 극한 물성 요구에 대응하기 위한 세라믹 소재기술 개발에 주력 및 소재기술을 바탕으로 신산업용도 확장 모색 중이다.

코발렌드 머티리얼이나 쿠어스텍 등 반도체, 디스플레이용 기계·구조 세라믹 업체들은 이트리아, 질화규소, 질화 알루미늄 등 새로운 내플라즈마 세라믹 개발 및 공정 적용을 선도하고 있다. GE항공은 세라믹 복합 재료를 사용하여 연비를 향상시킨 항공기 엔진 개발에 주력하고 있으며, 프랑스의 사프란 에어크래프트 엔진사와 합작회사인 CFM인터내셔널사에서 LEAP-16 제트 엔진을 개발하였는데, 이 엔진의 연료 노즐은 3D 프린팅 기술로 제작하였고 엔진은 세라믹 복합 재료를 사용하여 무게가 기존의 1/3 수준이어서 연소효율을 15% 정도 향상시켰다. 미국 세라다인사는 비 산화물 방탄판 등 국방용 기계·구조 세라믹 소재 분야를 선도하고 있다.

---

53) 0201 MLCC: 0.2mm × 0.1mm 사이즈의 MLCC

3) 에너지·환경 세라믹

친환경 자동차의 이차전지배터리에 대한 수요증가 및 열전도 생산시설확대, 세라믹 여과 용기 등 기능성 친환경소재 개발 중요성이 지속되고 있다. 보쉬는 2020년, 현재의 2배로 저장가능한 자동차배터리 확보를 위해, 190kg의 무게에 15분 안에 충전가능한 배터리 개발 및 전장부품 개발에 2015년부터 연간 4억 유로 R&D를 진행하고 있다. 젠섬(Gentherm)은 열전도 기술 기업으로, 2014년 각종 산업용 열선 생산을 위해 베트남 하노이에 공장을 설립했으며, 이를 기반으로 아시아 지역으로 생산 규모를 확대했다. Pall은 2014년 Filter Specialists를 인수하여 여과 및 분리 전문기업으로 Polymicro와 BOS 탈수용 필터백과 함께 세라믹, 금속, 플라스틱 여과 용기로 라인을 확장했다.

세부분야	기업명	주요 생산제품
이차전지	Nichia(일)	$LiCoO_2$
발전용 연료전지	퓨어셀에너지(미)	연료전지
열전소재	Gentherm(미)	열전기반 자동차 부품
세라믹 단열재	아사히글라스(일)	유리, 글라스울
저손실 단결정기판소재	Cree(미)	LED 및 전력반도체 모듈 및 기판
유해성분 제거 및 분리소재	Corning(미)	광섬유
재활용 기능성 소재	JX Nippon Mining & metal(구 Nikko)(일)	(동)제련, 전재가공, 도시광산, 리사이클링

[표 39] 해외 에너지·환경 세라믹 선도기업 현황

분야	세부분야	기업명	주요 생산제품
전자 세라믹	디스플레이	아사히글라스(일본)	각종유리, 부품
		코닝(미국)	LCD, 유리
		Schott(독일)	광학, 특수유리
		NEG(일본)	유리기판
	스마트기기	교세라(일본)	세라믹 부품류
		TDK(일본)	Passive 소자
		무라타제작소(일본)	MLCC, 모듈류
		스미토모화학(일본)	터치패널, 필터
	자동차부품	보쉬(독일)	자동차용 부품
		덴소(일본)	자동차용 부품
		스마토모(일본)	자동차용 부품
		델파이(미국)	자동차용 부품
바이오 세라믹	임플란트	Straumann Holding(스위스)	치과용 표면처리제품
		Nobel Biocare Holding(스위스)	치과용 보철, 심미성 제품
		Dentsply International Inc.(미국)	치과용 보철, 합금, 세라믹
	진단	Roche(스위스)	암분석, 진단 관련제품
		Siemens(독일)	면역, 분자, 화학분석기, 진단기
		Abbott(미국)	면역진단 검사기, 혈액분석기
	바이오촉매	GE Zenon(미국)	상업용 MBR 분리막 제품
		Siemens(독일)	상업용 MBR 분리막 제품
		Kubota(일본)	상업용 MBR 분리막 제품
	뷰티케어	L'Oreal(프랑스)	기능성 화장품
		Estee Lauder(미국)	기능성 화장품
		Shiseido(일본)	기능성 화장품
엔지니어링 세라믹	기계부품	이스카(이스라엘)	절삭공구
	반도체/디스플레이	Covalent 세라믹(일본)	유리, 실리콘
	수송기기	NGK(일본)	허니컴
		Corning(미국)	광섬유, cable
	우주항공/방산	Ceradyne(미국)	방산/우주산업용 부품
	에너지다소비산업	생고뱅(프랑스)	산업용 부품
에너지· 환경 세라믹	이차전지	Nichia(일본)	LiCoO2
	발전용 연료전지	퓨어셀에너지(미국)	연료전지
	열전소재	Gentherm(미국)	열전기반 자동차 부품
	세라믹 단열재	아사히글라스(일본)	유리, 글라스울
	저손실 단결정기판소재	Cree(미국)	LED 및 전력반도체 모듈 및 기판
	유해성분 제거 및 분리소재	Corning(미국)	광섬유
	재활용 기능성 소재	JX NipponMining&metal (구 Nikko) (일본)	(동)제련, 전재가공, 도시광산, 리사이클링

[표 40] 첨단세라믹 분야별 해외 선도기업 현황

54)

---

54) 첨단세라믹 산업현황 및 성장기업 분석을 통한 정책지원방안 수립, 기술과가치, 2017.11

다. 국내업체 동향[55)]

세라믹스 관련 국내 기업은 약 1,000 여개에 이르는 것으로 조사되었고, 전체 기업 중 약 90%가 매출액 100억 이내인 중소기업으로 다품종 소량생산에 의한 대표적인 중소기업 중심의 산업구조를 형성하고 있다.

국내 적층형 캐패시터는 삼성전기가 독보적으로 생산중이며, 세계시장 점유율 면에서 일본 Murata와 치열한 경쟁을 벌이고 있으며 삼화콘덴서도 꾸준히 생산을 유지하고 있다. 국내 디스플레이, 태양전지용 투명전도막 기판소재는 영국의 필킹톤이나 일본의 아사히 글라스 에서 전량 수입하여 사용하고 있으며 유리소재의 경우에는 KCC와 한글라스가 국제적 규모의 플로트 유리를 생산하고, 현재 태양광 산업에서 주로 사용하고 있는 저철분 유리는 한글라스만이 주문량에 따라 탄력적으로 생산하고 있다. 프랑스 생고방 계열사인 한국하니소(구 한국가공유리)에서는 중국에서 원판유리를 수입해 국내에 서 강화 후 공급하고, 누리코퍼레이션에서는 강화된 완제품 유리를 수입하거나 원판을 수입하여 가공, 판매하고 있다.

LTCC용 글라스 파우더는 이글래스, SCC(주), 써모텍, 휘닉스피디이 등의 업체가 생산을 위한 개발 및 샘플 진행 등을 추진하고 있다. 은, 구리 페이스트 등 전극용 소재의 경우 제일모직의 생산량이 가장 많고 그 다음에 IMD, 대주 전자재료, 창성 등에서 틈새시장의 제품을 생산하여 국내 및 해외에 공급하고 있다. 자화전자, 삼화콘덴서, 조인셋, 하이엘 등은 써미스터용 핵심소재를 생산하는 선도업체로 시장에 참여하고 있으며, 적층형 인덕터의 주요 생산업체는 삼성전기, 세라텍, 필코씨엔디, 삼화전자 등이 며 삼화콘덴서 등이 있다.

반도체용 정밀가공 세라믹소재 및 제품의 수요는 연 30% 이상 증가하는 추세이며, 연마용 제 품인 다이아몬드의 경우 일진다이아몬드가 국내 유일한 제조회사로 연매출 100억 이상을 기록하고 있다.

반도체 및 디스플레이 공정장비에 사용되는 구조용 세라믹소재인 $Y2O3$, $SiO2$, SiC, AlN 등은 원재료의 경우 일부 내화물급을 제외한 분말 전량을 수입에 의존하고 있으며 현재 이들 소재를 사용한 반도체/디스플레이 장비의 핵심부품에 대한 개발은 SKC솔믹스, 코미코, 월덱스, 원익쿼츠 등 다수의 국내기업이 시도하고 있다. 그러나 여전히 대부분의 소재를 수입에 의존하고 있으며 기술력이 낮은 구조재에 한해서 약 70% 정도의 국산화율을 달성했다.

미국 쿠어스텍의 투자를 받은 쿠어스텍 코리아는 기술 집약형 알루미나 제품인 세라믹 돔(dome)을 개발, 생산하고 있으며 코미코는 질화알루미늄 정전척(ESC)을 개발하였고, 최근 단성일렉트론은 LCD용 정전척과 반도체 용 정전척을 개발했다. 세라믹 담체 필터는 전체 담체 시장의 18% 정도를 차지하고 있으며 지속적인 증가를 통해 2007 년에 국내 시장이 약 90억 원 정도 형성된 것으로 파악된다.

---

55) 중소·중견기업 기술로드맵 2017-2019 세라믹소재, 중소기업청

1) 광·전자 세라믹

국내업체의 적층형 인덕터 시장 점유율은 약 40% 정도로, 나머지 약 60%의 시장은 일본의 무라타와 TDK가 점유하고 있다. 유전체 세라믹스인 $BaTiO_3$의 경우 국내에서는 삼성정밀화학, 한화 등이 대표적인 생산기업이다.

초고용량에서 내부전극 기술이 핵심요소기술로 인식됨에 따라 MLCC 생산업체들이 자체적으로 Ni 전극을 개발하고 생산하는 경우가 많아지고 있으며 최근에는 삼성전기, 삼화콘덴서 등 국내 기업들도 자체적으로 전극 paste를 생산하고 있다.

절연세라믹스는 국내의 경우 삼성전기와 삼화콘덴서 등이 초기 시장을 선점하고 있었으나 새로운 국내업체가 다수 시장에 뛰어들어 기판 및 패키지 등 각 분야에서 빠르게 선도 업체로 성장하고 있다. Kyocera가 주도하고 있는 세라믹 기판은 국내에서는 삼성전기가 다양한 기술개발을 진행하고 있으며 본격적인 사업화를 진행하기 위해 준비 중이다.

모듈 부품은 국내에서 아이엠텍이 ASM[56]을 생산하고 있고 기타 다수의 업체가 안테나 및 듀플렉서 모듈을 개발, 판매하고 있으나 고사양의 고부가가치 제품의 개발 및 생산에는 어려움을 겪고 있는 실정이다. 자화전자, 삼화콘덴서, 조인 셋, 하이엘, 래트론, 아모텍, 이노칩테크놀로지 등은 반도성/센서 세라믹 소재를 개발하고 있다.

2) 기계·구조 세라믹

반도체 산업용 기계·구조 세라믹 분야에서는 알루미나, 쿼츠 등을 이용한 가공제품의 경우 국내기술개발이 조기에 진척이 있어 국산화율도 상당히 높은 편에 속하며 쿼츠 제품은 해외에도 수출 중이다.

그러나 원소재인 쿼츠는 전량, 알루미나 대형소재의 경우 상당 부분 수입에 의존 비산화물계 세라믹인 탄화규소는 난소결 소재로 고온에서의 소결이 불가결하여 장치설비의 대형화에 따른 고가화가 불가피하여 경제성 측면에서 심각한 제약요인으로 작용한다.

국내에서는 상대적으로 저비용으로 생산할 수 있는 반응소결법을 활용하여 SKC 솔믹스, (주)이노쎄라에서 국산화 성공하여 생산중이다. 정전척이나 AlN 히터 등 기능성 부품의 경우 내구성 제품에 비하여 세라믹 소재기술 외의 복합적인 기술 요구 및 지적재산권 미확보로 국산화 지연되고 있으나, 최근 미코와 보부하이테크 등 일부 업체에서 국산화에 성공하여 생산량을 늘리고 있다.

---

56) ASM(Antenna Switch Module, 안테나 스위치 모듈): 휴대폰에서 송신신호와 수신신호를 연결하는 역할을 하는 핵심부품

3) 에너지·환경 세라믹

국내에서는 에너지효율향상 및 친환경 기술개발 추진을 통한 고부가 가치 소재 및 제품개발에 주력하고 있다. 한국유미코아는 에너지 소재 개발을 중심으로 스마트폰과 노트북 같은 IT기기용 제품과 하이브리드 자동차에 사용되는 충전 배터리 양극화 물질을 공급, 향후 전기자동차용 이차전지 수요확대에 따른 소재개발에 2015년부터 주력하고 있으며, 리빙케어는 특수반도체(열전반도체) 기초소재 생산, 기초소재 응용 모듈개발과 최종 완제품 유닛시스템 개발·생산이 가능하다. 세라컴은 국내 유일 세라믹 하니컴을 개발해 산업용 유해가스제거용 촉매, 자동차 배기가스 정화용 촉매 및 매연 저감 필터를 생산, 친환경소재 개발로 고부가가치화 추진 중이다.

세부분야	기업명	주요 생산제품
이차전지	한국유미코아	$LiCoO_2$
발전용 연료전지	포스코 에너지 발전	신재생에너지
열전소재	리빙케어	열전소재, 모듈, 시스템
세라믹 단열재	KCC	건자재, 단열재
저손실 단결정기판소재	SKC	폴리머, 산업용 필름
유해성분 제거 및 분리소재	세라컴	담체, 필터
재활용 기능성 소재	LS-Nikko(GRM)	도시광산, 리사이클링

[표 41] 국내 에너지·환경 세라믹 선도기업 현황

분야	세부분야	기업명	주요 생산제품
전자 세라믹	디스플레이	코닝정밀소재	LCD 유리
		일진디스플레이	사파이어W, TSP
		에스맥	TSP, 모듈
		대우전자재료	도전재료, 분말도료
	스마트기기	삼성전기	MLCC, 카메라모듈
		LG 이노텍	카메라모듈, TSP
		아모텍	칩바리스터, CMF
		이노칩	RC복합부품, CMF
		와이솔	Swa filter
		엠씨넥스	카메라모듈
		아비코전자	칩인덕터, 칩저항
	자동차부품	현대모비스	모듈 및 시스템
		만도	조향&제동장치
		한리공조	공조시스템
		현대케피코	센서, 구동기, 모듈
		S&T 대우	샤시, 에어백 등
바이오 세라믹	임플란트	오스템	인공치아
		㈜젠티움	인공치아
		㈜디오	인공치아용 임플란트
		㈜네오바이오텍	상악동 임플란트
		㈜메가젠	치과용 이종골 이식재
	진단	에스디	진단시약
		인포피아	혈액진단, 분자진단키트
		바이오니아	분자진단키트, 유전자진단
	바이오촉매	에코니티	MBR 정수
		시노펙스	물환경, 필터, 포장재
		코오롱	환경사업, 필터
	뷰티케어	㈜아모레퍼시픽	기능성 화장품
		㈜LG생활건강	기능성 화장품
		㈜에이블시엔씨	기능성 화장품
엔지니어링 세라믹	기계부품	쌍용마티리얼즈	세라믹절삭공구
	반도체/디스플레이	SKC 솔믹스	반도체 디스플레이용 세라믹부품
		㈜원익큐엔씨	
		㈜코미코	
	수송기기	㈜세라컴	담체, 필터
	우주항공/방산	삼양쎄라텍	방탄세라믹
		데크	항공기용부품
	에너지다소비산업	한남세라믹	Al2O3, ZrO2 내열세라믹부품
에너지· 환경 세라믹	이차전지	한국유미코아	LiCoO2
	발전용 연료전지	포스코에너지	발전, 신재생에너지
	열전소재	리빙케어	열전소재, 모듈, 시스템
	세라믹 단열재	KCC	건자재, 단열재
	저손실 단결정기판소재	SKC	폴리머, 산업용 필름
	유해성분 제거 및 분리소재	세라컴	담체, 필터
	재활용 기능성 소재	LS-Nikko(GRM)	도시광산, 리싸이클링

[표 42] 첨단세라믹 분야별 국내 선도 기업 현황

VII. 국가별 전략

7. 국가별 전략57)

가. 미국

1) 소재 게놈 이니셔티브(Material Genome Initiative)

미국은 2011년 첨단소재의 발견과 활용을 가속화시킬 인프라를 개발하기 위해 다자간 협력 사업인 '소재게놈 이니셔티브'를 과학기술정책실 총괄하에 시작 하였으며, 국립표준과학기술원 내 세계 최초 소재 연구데이터 저장소를 구축·운영하고 있다. 2017년부터는 데이터·AI를 통한 '소재 R&D 가속 플랫폼' 개념을 도입, 데이터를 활용하여 신소재 설계에 성공한 가시적 성과 도 창출하고 있다. '소재게놈 이니셔티브'의 목표는 실생활 적용까지 오랜 시간이 소요되는 혁 신 소재의 발견, 개발, 제조, 활용까지의 시간을 최소 2배 단축 및 비용 절감이다.

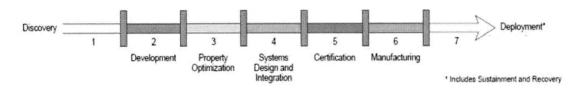

* 출처 : National Science and Technology Council(2014.6)

[그림 30] 소재개발 과정

'소재게놈 이니셔티브'의 접근 방식은 새로운 소재의 성공적인 발견을 촉진 하면서 소재를 보다 빠르게 개발하고 제조업 제품내에 포함시킬 수 있도록 연산 능력, 실험, 데이터의 상호 연결된 통합이 가능한 소재혁신 인프라를 구축하는 것이다.

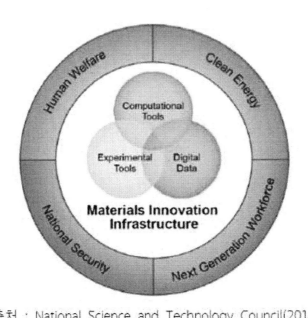

출처 : National Science and Technology Council(2014.6)

[그림 31] 소재혁신 인프라

---

57) 2016 세라믹 기술백서, 한국세라믹기술원, 2016.11

미국은 '소재게놈 이니셔티브' 추진으로 국가적 과제를 해결할 중점소재의 유형 및 적용 영역을 범부처 소위원회를 통해 바이오소재, 촉매 등 9대 소재 결정했다.

구분	국가안보	보건 및 복지	클린에너지 시스템	인프라 및 소비재
바이오소재	○	●	○	●
촉매	○	●	●	●
고분자복합체	●	●	○	●
상관소재	●	○	●	●
전자 및 광학소재	●	○	●	●
에너지저장 시스템	●	●	●	●
경량화 및 구조 소재	●	●	●	●
유기전자소재	○	●	○	●
고분자	○	●	○	●

● : Primary,　○ : Secondary
*출처 : National Science and Technology Council(2014.6) / 한국산업기술진흥원(2015.1)

[표 43] 중점소재와 국가적 과제간의 관련성

구분	국가안보	보건 및 복지	클린에너지 시스템	인프라 및 소비재
바이오소재	○	●	○	●
촉매	○	●	●	●
고분자복합체	●	●	○	●
상관소재	●	○	●	●
전자 및 광학소재	●	○	●	●
에너지저장 시스템	●	●	●	●
경량화 및 구조 소재	●	●	●	●
유기전자소재	○	●	○	●
고분자	○	●	○	●

● : Primary,　○ : Secondary
*출처 : National Science and Technology Council(2014.6) / 한국산업기술진흥원(2015.1)

[표 44] 중점소재와 국가적 과제간의 관련성

'소재게놈 이니셔티브' 중점소재 중 세라믹관련 소재는 바이오소재, 상관소재, 전자 및 광학소재, 에너지저장시스템, 경량화 및 구조소재가 해당된다.

① 바이오소재

인체의 조직과 기관의 재생을 위한 생물활성 바이오소재, 스스로 재생하거나 환경에 적응하는 바이오 모사소재 등 바이오세라믹소재 포함

② 상관소재

고온초전도체, 자성소재, 극강자성 소재 등 전자의 상호작용으로 발생하는 특성을 지닌 전자세라믹소재에 해당

③ 전자 및 광학소재

국가안보에서 인간복지에 이르는 거의 모든 분야에 응용이 가능한 소재로서 전자세라믹소재 포괄

④ 에너지저장시스템

전기자동차, 의료기기, 소규모 경량 이동형기기 및 공장과 주거용 대규모 고정형 장치를 망라하는 에너지저장용 세라믹소재 포함

⑤ 경량화 및 구조소재

자동차, 우주항공, 중기계, 조선, 철도, 기정용기기, 건설 등에 적용 가능한 경량화 소재 및 구조용 소재는 엔지니어링 세라믹소재 해당

구분	전자 세라믹	바이오 세라믹	에너지·환경 세라믹	엔지니어링 세라믹
바이오소재		✓		
상관소재	✓			
전자 및 광학소재	✓			
에너지저장시스 템			✓	
경량화 및 구조소재				✓

[표 45] 소재게놈 이니셔티브' 중점소재와 세라믹소재와의 관련성

2) 국가 나노기술 이니셔티브(National Nanotechnology Initiative)

미국은 2011년 소재부품분야에 대한 대응을 위해 다부처 협력 사업인 '국가나노기술전략 (National Nanotechnology Initiative: NNI)' 사업추진으로 첨단소재 개발에 투자를 진행하고 있다.

NNI 개발 프로그램은 기초연구, 응용/장비, 시스템체제 연구, 특성연구(태양에너지, 나노제조, 나노전자, 나노기술 지식인프라, 센서, 감지기), 사회기반 시설 및 기계장치, 환경/건강/안전 관련 연구를 진행중에 있다. 또한, 태양에너지, 나노전자, 센서, 감지기 등이 나노 세라믹, 에너지 세라믹, 전자 세라믹과 관련성이 있다고 할 수 있다.

프로그램 구성 영역	FY 2021예산 (단위: 100만 달러)
나노기술 시그니처 이니셔티브 및 그랜드 챌린지	235.1
1a. 나노제조 NSI	49.4
1b. 나노일렉트로닉스 NSI	81.7
1c. 나노기술 지식 기반 시설	26.1
1d. 센서 NSI	40.1
1e. 수자원 NSI	17.6
1f. 미래 컴퓨팅 NSI	20.4
2. 기초연구	723.0
3. 나노기술에 기반한 응용, 기기, 시스템	577.8
4. 연구 기반 시설 및 도구화	245.7
5. 환경, 건강, 안전	76.7
전체	1,858.3

[표 46] 영역별 국가 나노기술 이니셔티브 예산

58)

58) 과학기술&ICT 정책·기술 동향, 한국과학기술기획평가원, 2020.11.20

나. 일본

1) 일본재흥전략

일본 정부는 경재 재건을 위한 아베노믹스의 일환으로 네 번째 성장전략인 2016년판 '일본재흥전략'을 2016년 5월 발표했다. 일본재흥전략의 민관전략프로젝트에는 새로운 유망시장 창출을 위한 5개 프로젝트와 로컬 아베노믹스 발전을 위한 4개 프로젝트, 국내 소비 진작을 위한 1개 프로젝트로 총 10개 프로젝트를 제시했으며, 소재관련 정책은 IoT, AI, 로봇 등 4차산업혁명 실현을 위한 프로젝트 및 환경 에너지 제약 극복 및 투자확대 프로젝트의 연료전지차 등에 포함된다.

구분	10대 프로젝트	주요 내용
새로운 유망 시장 창출	1. 제4차 산업혁명 실현 IoT, 빅데이터, AI, 로봇 (30조엔, 2020년)	■ 제1차 사업혁명민관회의 설치 ■ 새로운 규제제도 개혁 메카니즘 도입 ■ 국가전략특구 활용 ■ 중견·중소기업 데이터 활용 플랫폼 구축 ■ 이노베이션 벤처 강화 ■ 도전정신이 넘치는 인재육성
	2. 세계 최첨단 건강입국 (26조엔, 2020년)	■ 건강예방 보험서비스 활용 ■ 로봇센서를 활용한 간병 부담 경감 ■ 빅데이터 활용에 따른 진료지원 및 혁신적 신약개발 ■ IoT 활용 맞춤형 건강서비스
	3. 환경에너지 제약극복 및 투자확대 (28조엔, 2030년)	■ 에너지 절약 ■ 자원안보 강화 ■ 절전량 거래시장 설립('17년) ■ 연료전지차 본격 보급 및 수소사회 실현
	4. 스포츠산업 확대 (15조엔, 2025년)	■ 스포츠 시설 수익성 향상, 스포츠와 IT· 건강·관광·패션 산업과 융합 확대
	5. 기존 주택유통·리모델링 시장활성화 (20조엔, 2025년)	■ 자산가치를 평가하는 유통금융시스템 구축
로컬 아베노믹스 발전	6. 서비스산업 생산성 향상 (410조엔, 2020년)	■ 생산성 향상율 2%로 2배 증가
	7. 중견·중소기업 사업자 혁신	■ 지역 벤치마킹을 활용한 담보·개인 보증에 의존하지 않는 성장 자금 공급, IT 활용 촉진
	8. 농림수산업 개혁 및 수출 촉진(10조엔, 2020년)	■ 농지집약, 생산자재 비용절감 ■ 농산품 유통구조 개혁 ■ 스마트 농업, 산업계간 연계체제 구축
	9. 관광입국 실현 (15조엔, 2030년)	■ 지역 관광경영, 관광경영인재 육성, 광역 관광코스 세계 수준으로 개선, 국립공원 브랜드화, 문화재 활용 촉진, 휴가 개혁
국내소비 진작	10. 민관협력을 통한 소비 진작	

[표 47] 10대 민관전략프로젝트 주요 내용

59)

2) 신원소전략프로젝트

일본에서는 대학과 국립연구소의 대형 연구시설을 유기적으로 연계하여 하나의 프로젝트로 운영해야할 필요성을 제기하며, 문부과학성이 2012년 7월 거점형성형 '신원소전략 프로젝트'를 발표, 10년간 투자를 진행하고 있다.(총 예산 700억엔)

일본은 본 프로젝트를 통해 재료분야에서 세계 최고수준의 소형 연구거점 프로그램 확립, 희토류를 사용하지 않는 신재료 개발을 목표로 자석재료, 촉매.전지재료, 전자재료, 구조재료 등 4개 분야의 연구개발을 추진하고 있다.

분야	추진내용	거점기관	세라믹 관련성
자석재료	희토류 영구 자석과 성능은 동등하지만 희소원소를 이용하지 않는 새로운 자 석 개발	물질재료연구기구	-
촉매·전지재료	촉매나 이차전지 부자재에 대해 고체, 기체, 액체 상태에서의 원소 상호 반 응을 해석하고 귀금속이나 희소원소 를 사용하지 않는 대체 재료 개발	교토대	-
전자재료	전자부품 재료개발에 효율적인 새로운 대체재료 개발	도쿄공업대	전자세라믹
구조재료	재료의 강도나 인성과 같은 상반된 성 질을 해석해 희소원소를 대폭 줄인 구 조재료의 대체재료 개발	교토대	엔지니어링 세라믹

[표 48] '신원소전략프로젝트' 4대 분야

---

59) 글로벌과학기술정책정보서비스 홈페이지, 2016. 6.

3) 일본 경제산업성 소재관련 기술개발 프로젝트

① 혁신적 신구조재료 기술개발

일본은 소재기술의 국제적 우위를 유지하기 위해 2013년부터 향후 10년간 약 600억엔을 투자, 한국, 중국 등의 소재기술 경쟁국과의 기술격차를 벌이기 위한 장기적 소재기술개발 사업을 추진하고 있다.

본 기술개발 프로젝트에는 수송기기에 적용 가능한 강도, 연성, 인성, 제진성, 내식성, 내충격성 등의 복수의 기능을 동시에 향상시키는 티탄합금, 탄소섬유 복합재료, 혁신강판 등의 고성능 재료 개발, 재료의 접합기술을 개발 등 엔지니어링 세라믹소재도 포함된다.

② 에너지부품소재 기술개발

일본은 세계 최첨단 에너지부품소재 기술 강화를 위한 저탄소 그린 소재 기술개발 프로젝트 추진하고 있으며, 에너지.환경 세라믹소재도 이에 포함된다.

저탄소사회 실현을 위한 초경량.고강도 혁신적 융합재료개발 추진, 혁신적 기능 물질(탄소나노튜브, 그래핀 등)의 대량합성기술 및 기존재료와의 융합기술 개발을 통한 초경량.고강도 신기능성 재료를 개발하는 것을 목표로 하고 있으며, 저탄소사회 실현을 위한 신재료 파워 반도체 프로젝트 추진, 차세대 자동차 인버터 등에 이용되는 파워 반도체의 고내압 고신뢰의 SiC 장치 및 주변소재 또한 개발할 전망이다.

다. 중국

1) 중국 제조 2025

'중국 제조 2025'는 13차 5개년 규획하에 추진되는 정책으로서 중국의 제조업을 2015년 '제조대국'으로 2025년에는 '제조강국', 2035년에는 '혁신강국'이 되는 것을 목표로 신소재를 포함한 10대 중점분야를 설정하여 추진되고 있다.

10대 분야	주요 개발 분야
차세대 IT 산업	- 집적회로 및 전용장비 - 정보통신 장비 - 운행시스템 및 공업 소프트웨어
고급 수치제어선반(CNC), 로봇	- 수치제어 선반/기초제조장비/통합제조시스템 - 적층제조(3D 프린팅) - 공업 로봇, 특수로봇, 서비스 로봇
항공우주장비	- 대형 항공기, 와이드-바디(Widebody) 여객기 - 중형 헬기, 터보프롭/터보팬 엔진 - 차세대 로켓, 중형 탑재체 - 유인우주선공정, 달탐사공정
해양공정장비 및 첨단기술선박	- 심해 정거장, 호화 크루즈 - 액화천연가스선
궤도 교통첨단장비	- 차세대 지능형 궤도 교통장비 - 세계 선두 현대적 궤도 교통산업체계
에너지절약, 대체에너지 자동차	- 전기자동차, 연료전지 자동차 - 전지, 모터, 고효율 내연기관
전력장비	- 수력발전기, 원자로, 중형 가스터빈 - 스마트 그리드, 신재생 에너지 장비
농업용 기계장비	- 첨단 농업용 기계장비 - 트랙터, 복식 작업공구, 대형 콤바인
신소재	- 선진기초소재(철강, 비철금속, 석유화학 소재 등) - 핵심전략소재(고급장비용 특수합금, 고성능 분리막소재 등) - 선행신소재(3D 프린팅소재, 초전도 소재 등)
바이오의약, 고성능 의료기기	- 혁신 중의약 및 맞춤형 치료약물 - 의료용 로봇, 영상장비 - 웨어러블, 원격진료 등 모바일 의료제품 - 바이오 3D 프린팅 유도다능성 줄기세포

[표 49] 중국제조 2025 10대 중점분야

분야	주요 개발 소재	세라믹 관련성
선진기초소재	철강(부품용, 해수성강, 자동차용, 교통용, 건축용, 복합 판재용, 스테인레스강)	
	선진 비철금속소재(경합금, 디바이스용 비철금속)	
	선진 석유화학소재(불소실리콘, 특수 합성고무 등)	
	선진 건축소재(극한환경용 시멘트 기반소재, 친환경비 금속 광물 기능소재 등)	●
	선진 경공업 소재(생물기반 경공업소재, 촉진제 등)	
	선진 방직소재(산업용 방직품, 기능방직 신소재 등)	
핵심전략소재	고급 장비용 특수합금(단결정 고온 합금 등)	
	고성능 분리막소재(세라믹 막 제품 및 소재 등)	●
	고성능 섬유 및 복합재료(고성능 섬유 및 복합소재 등)	●
	신형 에너지소재(태양광, 리튬전지, 연료전지소재 등)	●
	차세대 바이오 의료용 소재(재생 의료용 소재 등)	●
	전자 세라믹 및 인공 결정체(전자세라믹소재 등)	●
	희토 기능소재(희토 자성재료, 광 기능 소재 등)	●
	선진 반도체 소재(반도체 단결정 기질 등)	●
	디스플레이 소재(플렉서블 디스플레이 소재 등)	●
선행 신소재	3D 프린팅용 소재(저원가 타이타늄 합금 분말 등)	●
	초전도 소재(고성능 초전도 선재 등)	●
	스마트 바이오 공학 및 수퍼소재(수퍼소재 및 장비 등)	
	그래핀 소재(리튬전지용 그래핀 기반 전극소재 등)	●

[표 50] 중국제조 2025 신소재 분야의 세부내용

라. 독일

독일은 1985년부터 Bundesministerium fur Bildung und Forschung (BMBF: 독일 연방 교육 연구부)를 중심으로 체계적인 소재 육성 정책을 추진하고 있으며, 신소재에 대한 기초연구 부터 시작해서 상품화에 이르는 전주기적 기술개발 프로그램을 시행하고 있다.

독일은 1970년대부터 소재 육성정책을 시작하였으나, 1985년 이후 타 산업을 포함한 종합 정책을 크게 3단계에 걸쳐 시행하고 있으며, 컴퓨터재료 등 세라믹을 포함한 신소재 개발 추진중에 있다.

구분	1 단계	2 단계	3단계
소재정책	MATFO (1985~1993년)	MAtech (1994~2003년)	WING (2004~현재)
중점 지원분야	정보기술, 에너지기술, 교통기술, 의과학기술, 생산기술분야, 신소재 및 화학기술		나노, 컴퓨터재료, 생체공학, 경량화, 에너지효율, 개방·통합적 융합기술
주요 내용	기초연구단계~상용화과정까지 기술개발 전과정 지원		
예산	연간 1억 2천만DM(약 700억원)		20억7천만유로(약5천억원)
특징	연구개발과정에 중소기업 참여 장려		기업혁신역량강화 및 지속가능 기술개발

* 출처 : 한국산업기술진흥원(2015)

[그림 32] 독일 소재 3단계 소재 정책

마. 한국
1) 소재·부품발전 기본계획[60]

정부의 소재·부품 산업 지원사업은 2001년 제정된 「소재부품기업법」에 의거하여, 소재·부품 및 그 생산설비 산업의 발전기반을 조성하고 소재·부품전문기업 등의 육성을 통하여 국민경제의 균형 있는 발전에 이바지할 목적으로 시행되어 왔다.

「소재부품기업법」은 기본계획 수립, 전문기업 육성, 기술개발 및 사업화, 신뢰성 향상기반 구축, 소재·부품발전위원회 등에 관한 내용으로 이루어져 있다. 「소재부품기업법」에 따른 「소재·부품발전 기본계획」은 2001년 「부품·소재발전 기본계획(2001.7.)」을 시작으로 2021년 현재 「제4차 소재·부품발전 기본계획(2016.12.)」까지 수립·시행되어 왔다.

기본계획에는 소재·부품분야 발전전망, 세계교역 및 국내 수급동향, 소재·부품에 관한 기술확보 등 기술력 향상 및 신뢰성 향상에 관한 사항 등을 포함하도록 하고 있다. 기본계획은 산업통상자원부장관이 관계 중앙행정기관별 부문계획을 종합하여 수립하되 「소재부품기업법」 제35조의 규정에 의한 소재·부품발전위원회의 심의를 거쳐 확정하도록 하고 있다.

「제1차~제4차 소재·부품발전 기본계획」은 세계 5위권 이내의 소재·부품강국으로의 도약을 비전으로 하여 수립·시행되어 왔다. 주요 목표의 경우, 대일역조 개선을 위한 국산화, 선진국 기술 수준 추격 및 기술 선진국 진입기반 확보, 최고기술 보유 및 기술수준 향상으로 설정하였고, 이에 따른 다양한 전략이 이행되어 왔다. 이 과정에서 관련 기반육성, 무역수지 향상 등에서 성과가 발생한 반면, 신뢰성 평가 등 기반 미흡, 높은 대일 수입의존도, 국산화, 핵심 소재·부품 경쟁력, 지원·대응체계 등에 대한 한계점 또한 존재하는 것으로 진단하고 있다.

60) 소재·부품·장비 산업 정책 분석, 국회예산정책처, 2020

계획명	주요내용	성과 및 한계
제1차 부품·소재 발전 기본계획 (2001~2008년)	• 비전: 부품소재 공급기지화 • 목표: 대일 역조 개선을 위한 국산화 • 주요전략: 국산화 및 수입대체 중심 기술개발, 중소 소재. 부품 기업 기술 지원, 신뢰성 평가기반 구축	• 성과: 소재·부품 기업육성 기반마련, 범용부품의 국산화로 내재화 • 한계: 핵심부품 수입의존 심화, 자금조달 지원체계 미흡
제2차 부품·소재 발전 기본계획 (2009~2012년)	• 비전: 2012년 5대 강국 도약 • 목표: 선진국 기술 수준 추격 • 주요 전략: 소재·부품 핵심기술 확보, 미래 선도 소재기술개발, 소재부품 전문펀드 결성	• 성과: 대일역조 핵심품목 국산화, 핵심소재개발 대응체계구축 • 한계: 대중 수출편중 심화(30% 이상)
제3차 부품·소재 발전 기본계획 (2013~2016년)	• 비전: 2020년 4대 강국 도약 • 목표: 기술 선진국 진입 기반 확보 • 주요 전략: 세계수준 10대 핵심소재(WPM) 개발, SW융합형 부품개발 및 신뢰성 강화, 소재종합솔루션센터 구축	• 성과: 대일역조 감소, 무역수지 1천억불, 핵심소재기술개발 및 기반구축 • 한계: 핵심 소재. 부품 경쟁력 부족, 신산업 대응 부족(기반, 융합)
제4차 부품·소재 발전 기본계획 (2017~2025년)	• 비전: 2025년까지 100대 세계최고기술 확보를 통한, 4대 소재. 부품 수출 강국 도약 • 목표: 최고기술보유(2025년 100개), 기술수준(553개 미래유망 소재·부품의 최고기술보유국 대비 90.0%) • 주요 전략: 첨단 신소재. 부품 기술개발·상용화, 4차 산업혁명 대응을 위한 소재·부품 인프라 구축, 소재·부품 산업의 고효율·친환경 생산체계구축, 소재·부품 기업의 글로벌 진출 역량 강화	• 계획기간 종료(2025년) 미도래로 성과 및 한계 제외 • 4차 기본계획 추진 중 2019년 8월 「소재·부품·장비 경쟁력 강화대책」 발표 • 100대 품목 조기 공급안정성확보, 협력모델 구축·테스트베드 확충 등 경쟁력 강화, 법령 개편·경쟁력강화위 설립 등 추진체계 개편 등으로 목표 개편

[표 51] 소재·부품 산업 발전 기본계획의 주요 내용

2) 창조경제 산업엔진 프로젝트

산업부는 산업.기술간 융합을 통한 창조경제 실현을 위한 13개[61] 산업엔진 프로 젝트 발전계획 추진을 위한'창조경제 산업엔진 창출전략'(2014.3)을 발표했다.

본 프로젝트를 통해 첨단소재 가공시스템, 탄소소재 등 세라믹소재가 포함된 소재산업 육성 및 웨어러블 스마트 디바이스, 자율주행 자동차 등 다양한 산업엔진 분야에 세라믹 소재 개발이 필요할 것이다.

분야	13개 산업엔진	세라믹소재 관련성
시스템 산업	① 웨어러블 스마트 디바이스	전자세라믹
	② 자율주행 자동차	전자세라믹
	③ 고속-수직이착륙 무인항공기	엔지니어링 세라믹
	④ 첨단소재 가공시스템	엔지니어링 세라믹
	⑤ 국민 안전·건강 로봇	전자세라믹
	⑥ 극한환경용 해양플랜트	엔지니어링 세라믹
소재·부품 산업	⑦ 탄소소재	세라믹섬유
	⑧ 첨단산업용 비철금속 소재	전자세라믹
창의산업	⑨ 개인맞춤형 건강관리 시스템	-
	⑩ 나노기반 생체모사 디바이스	전자세라믹
	⑪ 미래형 가상훈련 시스템	-
에너지산업	⑫ 고효율 초소형화 발전시스템	에너지용 세라믹
	⑬ 직류 송배전시스템	-

[표 52] '창조경제 산업엔진 프로젝트'와 세라믹소재 관련성

---

61) 시스템산업분야 6개, 소재.부품산업분야 2개, 창의산업분야 3개, 에너지산업분야 2개

3) 성장동력 창출을 위한 산업경쟁력 강화

산업부는 '성장동력 창출을 통한 산업경쟁력강화(2016.1)' 추진을 통해 6대 신산업[62] 창출 분야를 선정하여 집중적으로 투자할 계획이다.

미래형 자동차, 산업용 무인기, 지능형 로봇, 첨단 신소재 등 대부분의 분야가 세라믹소재와 연계되어 있는데, 자세한 내용은 다음과 같다.

분야		세라믹 연관성
ICT 융합	미래형 자동차	◉
	산업용 무인기	◉
	지능형 로봇	◉
	웨어러블 디바이스	◉
	스마트홈	◉
에너지	ESS	◉
	태양광	◉
	스마트그리드	◉
고급 소비재		
첨단 신소재		◉
바이오 헬스케어		
의료관광 서비스		

[표 53] 6대 신산업 분야와 세라믹소재 관련성

---

62) ICT 융합, 첨단 신소재, 에너지 신산업, 고급소비재, 바이오 헬스케어, 의료관광 서비스

4) 소재·부품·장비 경쟁력 강화대책

우리 정부는 일본의 수출규제에 대응하기 위하여, 2019년 8월 2일 소재·부품·장비 관련 2,732억원의 2019년 추가경정예산을 국회에서 확정하였고, 2019년 8월 5일에는 소재·부품·장비 산업 전반의 경쟁력강화를 위한 「소재·부품·장비 경쟁력 강화대책」을 발표하였다.

「소재·부품·장비 경쟁력 강화대책」에서는 '소재·부품·장비 강국도약을 통한 제조업 르네상스 실현'을 비전으로, 100대 품목 조기 공급안정성 확보, 소재·부품·장비 산업의 경쟁력 강화, 강력한 추진체제를 통한 전방위적 지원을 3대 주요 추진과제로 설정하였다.

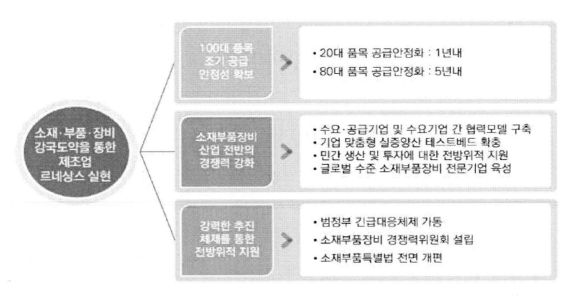

[그림 33] 「소재·부품·장비 경쟁력 강화대책」의 주요 추진전략 및 과제

'100대 품목 조기 공급안정성 확보' 측면에서는 단기 및 중장기 목표를 제시 하였다. 단기적 으로는 1년 내 달성을 목표로 20대 품목의 공급안정화를 추진함에 있어, 수입국 다변화, 신·증설 신속처리, 추가경정예산 등 긴급자금 투입을 통한 조기 기술개발을 기본방향으로 설정하였다.

중장기적으로는 5년 내 달성을 목표로 80대 품목에 대한 공급안정화 추진을 위해, 핵심품목에 대한 대규모 R&D 예산 조기 투입, 개방적 기술확보 방식 확대, 환경·노동·자금 등 신속한 애로사항 해소 등을 주요 전략으로 삼고 있다.

'소재·부품·장비 산업의 경쟁력 강화' 부문은 수요-공급기업 및 수요기업 간 협력모델 구축, 기업 맞춤형 실증·양산 테스트베드 확충, 민간 생산 및 투자에 대한 전방위적 지원, 글로벌 수준 소재·부품·장비 전문기업 육성 등 크게 4가지 핵심내용으로 구성되어 있다. 또한, '강력한 추진체제를 통한 전방위적 지원' 부문에서는, 소재·부품·장비 경쟁력강화위원회 설립, 「소재부품기업법」의 전면 개편 등을 핵심 내용으로 설정한바 있다.

VIII. 4차 산업혁명 기술 중 세라믹이 적용될 수 있는 기술

8. 4차 산업혁명 기술 중 세라믹이 적용될 수 있는 기술

가. 스마트 팩토리[63]

1) 스마트 팩토리 목표와 기술

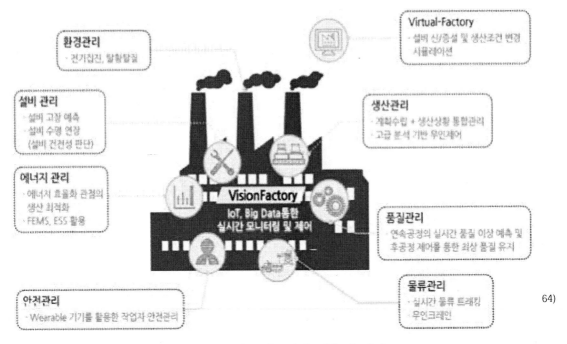

[그림 34] 스마트팩토리의 기술적 범위

제 4차 산업혁명은 제조업에서 '스마트 팩토리'라는 새로운 생산시스템을 구현했고, 이를 통해 제조를 넘어 새로운 가치를 창출하도록 돕고 있다. 제조 관점에서 스마트 팩토리는 제조업과 ICT의 융합을 통해 산업 기기와 생산 전 과정으로 연결되며, 나아가 고객의 니즈에 유연한 대응 체계를 구축하는 것을 목표로 하고 있다.

스마트 팩토리가 구현되면 각 공장에서 수집된 데이터를 이용하여, 이를 분석하여 이용함으로써, 의사 결정을 하는 데이터 기반의 공장 운영 체계를 갖출 수 있게 될 것이다. 데이터 기반의 공장 운영 체계를 이용하면 생산현장에서 발생하는 현상들과 문제들의 상관관계를 얻을 수 있고, 이를 통해 원인을 알 수 없었던 돌발 장애, 품질 불량 등의 원인을 알아내고 해결할 수 있게 될 것이다.

특히 스마트 팩토리는 산업현상에서 다양한 센서와 기기들이 스스로 정보를 취합하고 이를 바탕으로 생산성으로 최대로 끌어 올릴 수 있도록 인공지능이 결합된 생산시스템으로 진화할 것으로 전망된다. 만약 향후 인공지능과 센서, 기기들이 결합된 스마트 팩토리에서는 설계, 개발, 제조, 유통, 물류 등 생산의 전 과정에 ICT 기술을 적용할 수 있어 생산성, 품질, 고객 만족도를 모두 향상 시킬 수 있는 지능형 시스템으로 변화, 발전할 것으로 보인다.

---

63) 스마트 팩토리 기술 및 산업 동향, 조혜지, 김용균, 정보통신기술진흥센터, 2018.06.06
64) 스마트 팩토리 기술 및 산업 동향, 조혜지, 김용균, 정보통신기술진흥센터, 2018.06.06

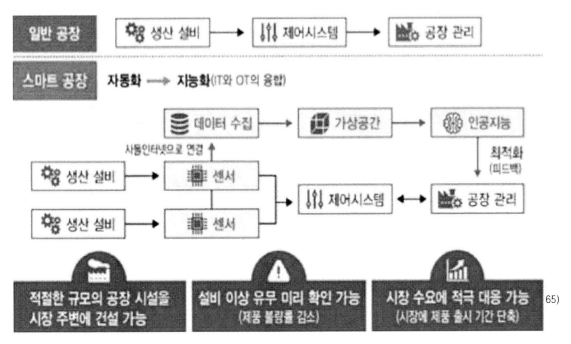

[그림 35] 스마트 팩토리의 개념적 진화 방향

　지금까지 생산 현장에서 추진했던 공장자동화의 개념은 수직적 통합으로 '공장과 제조'의 범위였으나, 스마트 팩토리 기술은 다양해진 고객의 요구사항에 실시간으로 대응할하기 위해 가치사슬의 수평적 통합으로 확대하며 발전하고 있다. 즉, 스마트 팩토리는 수직적인 생산시스템과 수평적인 가치사슬이 통합된 형태로 진화하고 있으며, 사물인터넷, 빅데이터, CPS 등 최신 기술들이 출현하며 더욱 정교하고 세밀한 수직적/수평적 통합의 구현이 가능할 것으로 보인다.

　수평적 통합을 지원하는 기술에는 CAD/CAE 등을 포함한 PLM 솔루션, 시제품 생산을 빠르게 지원할 수 있는 3D 프린터, 가상과 실재의 연동이 가능한 사이버 물리 시스템, 제조 프로세스 분석을 위한 공정 시뮬레이션이 포함된다.

　수직적 통합을 지원하는 기술에는 생산설비에서 발생하는 많은 양의 데이터를 획득하기 위한 스마트 센서와 사물인터넷 기술, 생산 현장의 에너지 절감 기술, 제조 데이터의 분석을 위한 빅데이터 기술이 포함된다.

　이렇듯 다양한 기술들을 포함하는 스마트 팩토리를 도입한다면 맞춤형 생산공정, 다품종 복합생산, 조달 및 물류 혁신, 기계와 인간의 협업이 가능해져 기업의 경쟁력을 확보할 수 있을 것으로 보인다.

---

65) 스마트 팩토리 기술 및 산업 동향, 조혜지, 김용균, 정보통신기술진흥센터, 2018.06.06

[그림 36] 스마트팩토리 개념도

---

66) 스마트팩토리 개념도, 포스코

가) 산업용 사물 인터넷(IIOT)[67]

산업용 사물 인터넷은 스마트 온도기, 인터넷 연결 냉장고, 커넥티드 전구 등을 포함하는 사물인터넷으로 기업과 안전, 일사생활에 더 큰 영향을 주는 사물인터넷의 종류라고 할 수 있다. 사물인터넷은 Industrial Internet of Things의 약자인 IIOT라고 불리며 운송, 에너지, 산업 분야의 기기와 차량에 장착된 센서와 기타 장치들을 네트워크에 연결하는 것을 의미한다.

GE에서는 산업용 사물인터넷을 산업 인터넷(industrial internet)이라 부르기도 하는데, 이를 어떻게 부르던지, IIoT는 석유 및 가스, 전력 시설, 의료와 같은 산업 분야의 기계와 장치를 연결하는 데 주력한다는 점에서 다른 IoT 애플리케이션과 다르다.

IoT는 피트니스 밴드나 스마트 가전제품과 같은 소비자 수준의 장치를 포함하며, 기본적인 정의는 장치를 인터넷과 또는 기타장치와 연결하는 것을 뜻한다. 따라서 오늘날 IoT는 조명 제어, 온도 제어, 웨어러블 장치, 생체 인식 장치 등과 같은 소비자 수준의 장치에 사용되고 있다. 이러한 장치에 의하여 제공되는 연결은 중간에 고장이 발생하더라도 긴급 상황이 발생하지 않는다는 특징이 있다.

IIoT는 IT 부서의 컴퓨터를 가져와 운영 기술에 적용한 것으로, 계측을 위한 방대한 가능성을 열어 거의 모든 산업 운영에서 효율성과 생산성을 크게 향상시키고 있다. IIoT는 IoT와 마찬가지로 인터넷을 통해 장치를 연결하지만, 업무에 필요한 정보와 응답의 전송, 명령 및 제어에 더 큰 중점을 주고 있다. 따라서 IIoT에는 시스템 오류나 중단 시간이 생명을 위협하거나 위험에 처하는 결과를 초래할 수 있는 문제가 더 많이 있다.

즉, 기술적으로 IIoT는 IoT 기술과 유사한 원리로 작동하지만 규모면에서 IoT와 다르게 IIoT 배치에는 수백, 수천 또는 수십만 개의 개별 엔드포인트가 존재할 수 있다. 따라서 IIoT 구현 방법은 기존 IoT와는 다를 수 밖에 없다.

우선, 캐노니컬(Canonical) IoT 및 디바이스 부문 수석 부사장 마이크 벨의 말을 인용하면, IIoT 장치는 평균 서비스 수명이 7~10년으로 소비자 장치보다 훨씬 길기 때문에 구현이 오래 지속되어야 한다.

그리고, 엔드포인트에서 데이터를 수집하고 데이터센터 또는 클라우드에서 접속 가능한 저장, 분석 엔진을 제공하고 해당 데이터에서 실행 가능하고 시기 적절한 정보로 변환할 수 있는 전용 전략이 필수적으로 필요하다.

또한, 연결된 장치 간의 M2M 통신에는 다양한 형식과 기술중, IIoT 환경에서는 시그폭스(Sigfox)와 지그비(Zigbee)와 같은 물리 계층 기술, 위브(Weave)와 아이오티비티(IoTivity)와 같은 소프트웨어 계층 기술 등이 필수적이며 이를 완벽하게 작동하기 위해서는 모두가 상호

---

67) "IIoT란 무엇인가"...산업용 사물인터넷의 의미와 뜨는 이유, Itworld, 2018.02.06

운용이 가능해야 한다.

 IIoT를 사용하는 경우 생산 라인의 계측을 통해 기업은 프로세스를 매우 세분화해 추적하고 분석하거나, 자산 추적을 통해 엄청난 양의 재료에 대한 정보를 신속하고 쉽게 현업에게 제공하고, 예측 유지 관리를 통해 문제가 발생할 가능성을 사전에 파악해 기업 비용을 크게 절감할 수 있다.

 이외에도 IIoT의 잠재적인 사용사례의 수는 엄청나며 이는 나날이 많아지고 있다. IIC(Industrial Internet Consortium)가 발표한 IIoT의 15가지 용도는 다음과 같다.

- 스마트 팩토리 적용
- 예측 및 원격 유지보수
- 화물, 운송 모니터링
- 커넥티드 물류
- 스마트 계측, 스마트 그리드
- 스마트시티 애플리케이션
- 스마트 농장, 가축 모니터링
- 산업용 보안 시스템
- 에너지 소비 최적화
- 산업용 난방, 환기, 냉방
- 제조 장비 모니터링
- 자산 추적 및 스마트 물류
- 산업 환경에서의 오존, 가스, 온도 모니터링
- 근로자 안전 및 건강 모니터링
- 자산 성과 관리

 이처럼 다양한 분야에 사용될 수 있는 IIoT에도 단점은 존재한다. IIoT의 단점 중 가장 큰 것은 바로 '보안'이다. IIoT는 소비자 IoT와 마찬가지로 많은 보안 문제가 있는데, 과거 보안이 취약한 보안 카메라와 기타 장치를 DDoS 무기로 활용했던 미라이 봇넷을 생각해보면 쉽게 그 위험성을 알 수 있을 것이다.

 또한 대량의 봇넷을 생성하기 위해 해킹당한 IIoT 장치를 사용할 수 있으며, 이외에도 취약점을 악용해 이미 네트워크에 있는 중요한 데이터를 도용할 수 있다는 보안 문제도 있다.

 이외에도 IT 리더가 우려하는 IIoT의 다른 요소는 다음과 같다.

① **표준화의 부족**
 전송 프로토콜에서부터 데이터 수집 형식에 이르기까지 새로운 기술을 오래된 것에 접목하려는 방법에는 다양한 디자인과 표준이 있다. 즉, 용광로의 온도에 대한 운영 정보를 전송하는 간단한 장치가 네트워크 또는 데이터 처리 엔진을 만드는 동일한 업체에 의해 만들어지지 않는다면 함께 작동하지 않을 수도 있다는 것이다.

② 레거시 기술과의 통합

구형 장비들은 최신 IIoT 기술이 읽을 수 있는 형식으로 데이터를 제공하지 않기 때문에 수십년 된 발전소 제어기가 새로운 IIoT 인프라와 통신할 수 있도록 하려면 약간의 번역이 필요할 수 있다.

③ 비용

앞서 설명한 2가지 사항을 모두 적용해 IIoT를 완전히 포용하려면 새로운 하드웨어, 새로운 소프트웨어와 기술에 대한 새로운 사고방식이 필요하다. 이 아이디어는 돈을 벌 수 있지만, 많은 사람이 선투자 비용에 대해 걱정하는 것은 당연하다.

④ 사람

IIoT를 최대한 활용하려면 머신러닝, 실시간 분석, 데이터 과학에 대한 전문 지식이 필요하다. (네트워킹 기술에 대한 최첨단 지식 또한 마찬가지다.)

나) RFID

RFID(Radio-Frequency Identification)는 주파수를 이용해 ID를 식별하는 시스템으로 일명 전자태그로 불린다. RFID 기술이란 전파를 이용해 먼 거리에서 정보를 인식하는 기술을 말하는데, 여기에는 RFID 태그(이하 태그)와, RFID 판독기(이하 판독기)가 필요하다.

태그는 안테나와 집적 회로로 이루어지는데, 집적 회로 안에 정보를 기록하고 안테나를 통해 판독기에게 정보를 송신한다. 이 정보는 태그가 부착된 대상을 식별하는 데 이용된다. 쉽게 말해, 바코드와 비슷한 기능을 하는 것이다.

RFID가 바코드 시스템과 다른 점은 빛을 이용해 판독하는 대신 전파를 이용한다는 것이다. 따라서 바코드 판독기처럼 짧은 거리에서만 작동하지 않고 먼 거리에서도 태그를 읽을 수 있으며, 심지어 사이에 있는 물체를 통과해서 정보를 수신할 수도 있다.

RFID는 사용하는 동력으로 분류할 수 있다. 오직 판독기의 동력만으로 칩의 정보를 읽고 통신하는 RFID를 수동형(Passive) RFID라 한다. 반수동형(Semi-passive) RFID란 태그에 건전지가 내장되어 있어 칩의 정보를 읽는 데는 그 동력을 사용하고, 통신에는 판독기의 동력을 사용하는 것을 말한다. 마지막으로 능동형(Active) RFID는 칩의 정보를 읽고 그 정보를 통신하는 데 모두 태그의 동력을 사용한다.

RFID를 동력 대신 통신에 사용하는 전파의 주파수로 구분하기도 한다. 낮은 주파수를 이용하는 RFID를 LFID(Low-Frequency IDentification)이라 하는데, 120~140 킬로헤르츠(kHz)의 전파를 쓴다. HFID(High-Frequency IDentification)는 13.56 메가헤르츠(MHz)를 사용하며, 그보다 한층 높은 주파수를 이용하는 장비인 UHFID(UltraHigh-Frequency IDentification)는 868 ~ 956 메가헤르츠 대역의 전파를 이용한다.

RFID의 작동원리는 다음과 같다.

① 태그(Tag)에 목적에 맞는 정보를 입력당한상품에 부착
② 리더(Reader)에서 안테나를 통해 발사된 무선주파수 태그에 접촉
③ 태그는 주파수에 반응하여 입력된 데이터를 안테나(Antenna)로 전송
④ 안테나는 전송 받은 데이터를 디지털신호로 변조하여 리더에 전달
⑤ 리더(Reader)는 데이터를 해독하여 컴퓨터 등으로 전달

RFID의 장점은 반영구적인 사용이 가능하며 대용량의 메모리를 내장하고 있어 이동중에도 인식이 가능하다. 또한 손을 사용하지 않고도 전자동으로 인식할 수 있으며, 집계, 분류, 추적, 발송이 가능하고 반복적으로 재사용을 할 수 있다.

이외에도 다수의 태그 정보를 동시에 인식할 수 있음, 공간 제약이 없이 동작한다. 그리고 가장 큰 장점 중 하나로는 유지 보수비용이 적게 든다는 것이다.

RFID의 단점으로는 초기 설치비용이 비싸고, 정보가 유출 될 가능성이 있으며, 전파의 적용 범위가 한정적이라는 점들이 있다.

현재 RFID 기술은 육상 선수들의 기록을 재거나 상품의 생산 이력을 추적하는 데서부터 여권이나 신분증 등에 태그를 부착해 개인 정보를 수록, 인식하는 데까지 폭넓게 쓰이고 있다. '하이패스'라고 불리는 유료 도로 통행료 징수 시스템이나 교통카드에도 RFID가 이용된다.

동물의 피부에 태그를 이식해 야생동물 보호나 가축 관리 등에 사용하기도 한다. 일본 오사카에서는 초등학생의 가방과 옷 등에 태그를 부착하고 있으며, 신분증을 통해 건물의 출입을 통제하는 시스템도 RFID를 이용하고 있다.

때때로 태그는 사람 몸에 이식되기도 한다. 앞으로 RFID가 사용될 수 있는 분야는 더욱 넓다. 특히, RFID는 바코드의 대체품으로서 주목을 받고 있다. RFID 태그는 메모리로 집적 회로를 사용하기 때문에, 단순한 음영으로 정보를 기록하는 바코드보다 더 다양한 정보를 수록할 수 있다. 따라서 바코드처럼 물건의 종류만 식별하는 대신 개개의 물건마다 일련번호를 부여할 수 있다. 이런 기능들은 물건의 재고를 관리하고 절도를 방지하는 데 큰 도움이 된다.

최근 스마트팩토리 분야의 RFID 도입이 많아지고 있다. 4년전부터 완성차업체 1, 2차 벤더를 대상으로 금형관리를 위해 약 20만개의 특수태그를 판매했는데, 이 분야에서 RFID 도입효과가 검증되면서 설비관리 등으로 확대되는 추세다.

한 업체에서는 5,000벌의 금형에 RFID 특수태그를 부착하고, 현장 금형관리를 진행했다. 기존에 A라는 금형을 찾는데 직원 세명을 투입해 2~3시간이 걸린 반면, RFID 도입 이후 한명이 5분 내에 찾았다. 이 업체는 단순히 금형에 부착된 태그를 통해 정보가 기간시스템에 전해지는 것만 요청했으나, MES 공급업체의 아이디어로 금형찾기에 적용한 사례라고 할 수 있다.

이러한 효과를 본 업체는 설비관리에도 RFID 도입을 확대해 사출기와 금형의 매칭에도 RFID를 활용하고 있다. 이와함께 RFID는 제조 생산 도장라인과 도금라인에도 효과적이다. 300도 이상 견디는 특수태그가 개발돼 적용되고 있다.[68]

---

68) "RFID는 스마트팩토리와 인더스트리4.0의 핵심이다", HelloT, 2017.05.19

2) 스마트팩토리 시장 동향[69]

스마트팩토리는 제조 경쟁력 강화를 위한 대안으로 제시되고 있으며, 4차 산업혁명, 뉴노멀 시대 진입, 고령화로 인한 숙련공 부족, 기술혁신 등으로 인해 도입이 촉진되고 있다.

스마트팩토리분야에서 ERP, SCM, MES 등의 애플리케이션 기술은 이미 성숙되어있으나, 3D 프린팅, 로봇, 머신비전, 사물인터넷 등 디바이스 신기술들이 기술의 미성숙과 높은 가격 때문에 상대적으로 느린 속도로 확산되고 있다.

마켓 앤 마켓(Markets & Markets)에 따르면 글로벌 스마트 팩토리(제조) 시장규모는 2022년까지 매년 9.3%씩 성장해 2054.2억 달러 시장 규모가 형성될 것으로 전망한바 있다. 특히 한국의 시장 규모는 2020년에는 78.3억 달러, 2022년까지는 127.6억 달러로 예상돼, 연간 12.2%의 높은 성장률로 아시아 지역에서 중국에 이어 두 번째로 빠른 성장 속도를 보일 것으로 예상되고 있다.

지역별 스마트 제조 시장 현황을 분석하면 아시아 및 중동이 미주 및 유럽보다 높은 성장세를 나타낼 것으로 보인다. 아시아의 경우 세계 주요 기업들의 제조 공장들이 많이 위치하고 있기 때문에 이러한 기업들에 의한 스마트 제조 도입이 타 지역에 비해 빠를 것으로 예상된다. 중동의 경우 원유 수출 등으로 마련한 막대한 자금으로 자국의 제조업을 본격적으로 육성할 것으로 보이며 최신 설비를 갖춘 스마트 제조 도입이 이뤄질 것으로 전망된다.

한편 국내 스마트 제조 시장은 2020년까지 연평균 11.2%의 고성장이 이뤄질 것으로 보이며 2020년에는 78.3억 달러 규모가 될 것으로 점쳐지고 있다. 특히 우리나라는 2022년 3만 개 보급·확산사업에 힘입어 중소·중견기업 중심의 스마트 팩토리 구축으로 시장이 활황을 맞이하고 있으나, 아직까지는 소프트웨어(SW) 위주로 보급중이다. IoT와 CPS 등 스마트 제조 기술의 고도화를 지향하는 솔루션은 대기업을 중심으로 시범 도입되는 단계에 머물러 있고, 성공 레퍼런스가 부족한 상황으로 평가받고 있다.

---

69) 2020 스마트제조 시장 전망 : 국내 스마트제조시장의 위기와 기회, HOT WINDOW, 2020.03

3) 스마트 팩토리 기업 동향

 국내 스마트 팩토리 산업에서 대기업들은 대부분 토탈 솔루션을 구비하고 있으나, 중소기업들은 중견/중소기업을 타겟으로 하는 제조업용 애플리케이션(ERP, MES, PLM, SCM)에 관련된 사업을 추진하고 있다. 이 중에는 자체 솔루션을 개발한 업체도 있지만 이는 대부분 일부 분야에만 초점을 맞추는 경우가 많고, 자체 솔루션이 없는 기업들은 외국 솔루션을 이용한 SI/컨설팅/교육 사업을 진행하고 있는 것이 국내 스마트 팩토리 산업의 현실이라고 할 수 있다.

 따라서 현재, 단순 전산화, 공장 자동화가 아닌 '스마트 팩토리'를 추진하고자 하는 제조기업은 외국 솔루션으로 눈을 돌릴 수 밖에 없다.

구분	업체명	애플리케이션				플랫폼	디바이스		
		ERP	SCM	MES	PLM		IoT	로봇	AI
대기업	삼성SDS	X	X	X	X	X	X		X
	LG CNS	X	X	X	X	X	X		X
	SK C&C	X	X	X	X	X	X		X
	포스코ICT	X	X	X	X	X	X		X
	현대중공업							X	
	한화테크윈							X	
중소기업	올랄라랩					X	X		
	한컴MDS					X	X		
	수아랩								X
	아이씨앤아이티	X		X			X		
	솔리드이엔지				X				
	티라유텍		X	X					
	나루텍			X					
	사이버테크프랜드	X		X					
	큐빅테크			X	X				
	타임텍				X				
	싱글톤소프트				X				
	알엘케이			X					
	에스씨티			X					
	에임시스템			X					
	컴퓨터메이트	X	X	X					

[그림 37] 국내 주요 스마트 팩토리 관련 기업 현황

70) 스마트 팩토리 기술 및 산업 동향, 조혜지, 김용균, 정보통신기술진흥센터, 2018.06.06

4) 스마트 팩토리 전망
가) 기술 동향[71]

스마트 팩토리는 4차 산업혁명이 제조업에서 가시적으로 구현되는 생산시스템으로 ICT 기술을 융·복합화하여 제조를 넘어 신 가치 창출을 위한 종합 솔루션이라 할 수 있다. 제조 관점에서 스마트 팩토리는 제조업과 ICT 기술 융합을 통해 산업 기기와 생산 전 과정이 네트워크로 연결하며, 나아가 고객의 니즈에 유연한 대응 체계 구축을 목표로 하고 있다. 이를 위해 기존의 생산 프로세스 개선과 최적화를 넘어 포괄적이고 편재적인 인간과 기계 간 실시간 상호작용을 시스템적으로 형성하고, 고객 맞춤형 생산시스템은 물론 생산의 효율성을 높이기 위한 예측 시뮬레이션 및 전 단계 엔지니어링을 통합적으로 구축해야 한다.

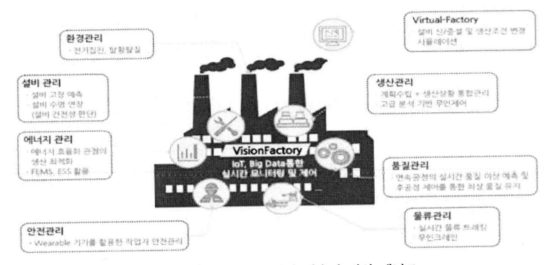

[그림 38] 스마트 팩토리의 기술적 범위 개념도

스마트 팩토리가 구현되면 각 공장에서는 수집된 데이터를 기반으로 분석하고 의사를 결정하는 데이터 기반의 공장 운영(Data Driven Operation) 체계를 갖춤으로써, 생산현장에서 발생하는 현상, 문제들의 상관관계를 얻어낼 수 있고 원인을 알 수 없었던 돌발 장애, 품질 불량 등을 해결하게 된다. 특히, 숙련공들의 경험과 같은 암묵지에 머물러 있던 노하우를 축적해 데이터화 함으로써 누구나 쉽게 활용할 수 있고, 현장에서 발생하는 상황들을 모니터링하게 되어 비숙련자들도 대응할 수 있도록 원격지에서의 가이드 제공이 가능하다.

---

71) 포스코 ICT, 한국IR협의회, 2020.09.03

나) 특허동향

1	적층 세라믹 전자 부품

출원인   삼성전기주식회사

출원일   2020.12.28

등록일   -

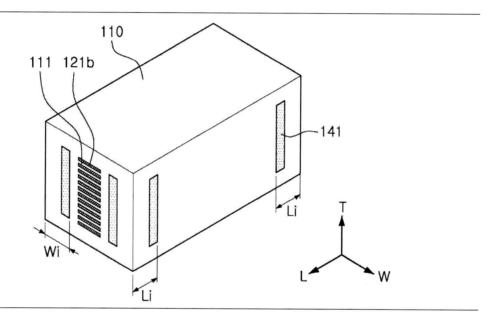

요약

본 발명은, 용량부에 비해 소폭의 리드부를 갖는 내부 전극을 포함하며, 유전체층의 마진 (margin)부 중 상기 리드부와 폭 방향으로 대응되는 위치에 상기 내부 전극과 이격되게 더미 전극이 배치되는 적층 세라믹 전자 부품을 제공한다.

출원인   주식회사 케이씨씨

출원일   2019.04.29

등록일   2021.01.04

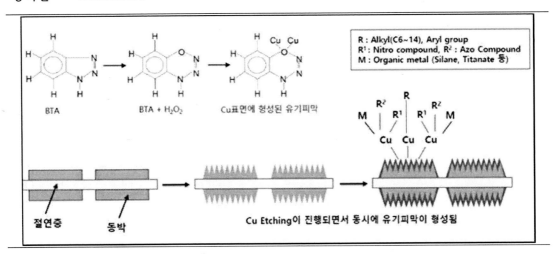

요약

본 발명은 에칭 조성물을 이용하여 세라믹 회로기판의 금속 표면에 러프닝(roughening) 조직 및 유기 피막을 형성하는 단계; 상기 러프닝 조직이 형성된 세라믹 회로기판을 알칼리 탈지 조성물에 접촉하여 상기 러프닝 조직 상에 형성된 유기 피막을 제거하는 탈지 단계; 및 상기 탈지 단계 후에 상기 세라믹 회로기판을 산성 용액으로 세척하는 단계;를 포함하는 세라믹 회로기판의 금속 표면 처리 방법에 관한 것이다.

출원인   가부시키가이샤 무라타 세이사쿠쇼

출원일   2014.04.03

등록일   2017.01.18

WDX에 의해 점분석한 영역

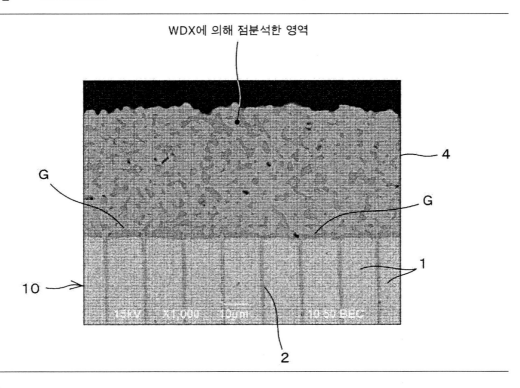

요약

내부전극 및 외부전극에 비금속을 사용한 경우에도, 양자의 콘택트를 확실히 얻는 것이 가능하면서, 외부전극으로부터 내부전극에 대한 금속의 확산에 따른 세라믹에 대한 크랙의 발생을 억제하는 것이 가능한 적층 세라믹 콘덴서 및 그 제조방법을 제공한다.

(a) 외부전극(4)이, BaO, SrO 중 한쪽 또는 양쪽을 포함하고, 한쪽만을 포함하는 경우에는 그 한쪽의 함유량이 34mol% 이상, 양쪽을 포함하는 경우에는 합계 함유량이 34mol% 이상인 유리와, 도전성분인 비금속을 함유하고, (b) 내부전극(2)이, 외부전극에 포함되는 비금속과는 종류가 다른 비금속을 도전성분으로 하고, (c) 적층 세라믹 소자를 구성하는 세라믹과 외부전극의 계면부에 유리층이 형성되면서, (d) 외부전극과 내부전극의 접합부에서의 외부전극을 구성하는 비금속의 내부전극에 대한 확산거리가 1~5μm라는 요건을 만족시킨다.

출원인 삼성전기주식회사

출원일 2015.07.06

등록일 2021.01.07

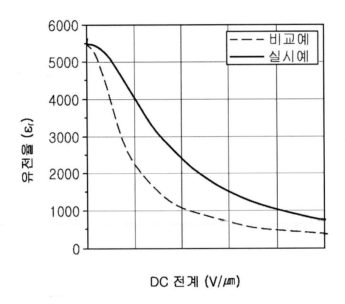

요약

본 발명의 일 실시형태에 따르면 $BaTiO_3$로 표시되는 제1 주성분 및 $PbTiO_3$로 표시되는 제2 주성분을 포함하는 $(1-x)BaTiO_3-xPbTiO_3$로 표시되는 모재 분말을 포함하며, 상기 x 는 $0.0025 \leq x \leq 0.4$를 만족하는 유전체 자기 조성물 및 이를 포함하는 적층 세라믹 커패시터를 제공한다.

5 적층 세라믹 전자 부품 및 그 실장 기판

출원인   삼성전기주식회사

출원일   2015.01.26

등록일   2016.08.03

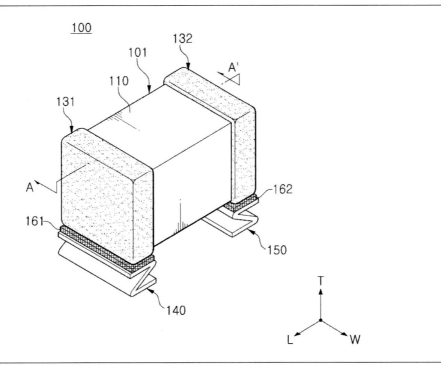

요약

본 발명은, 적층 세라믹 커패시터의 외부 전극과 기판 사이에 배치되는 금속 프레임을 포함하며, 상기 금속 프레임은 경사진 수직 지지부를 가지는 적층 세라믹 전자 부품을 제공한다.

출원인	다이요 유덴 가부시키가이샤
출원일	2015.06.26
등록일	2017.01.18

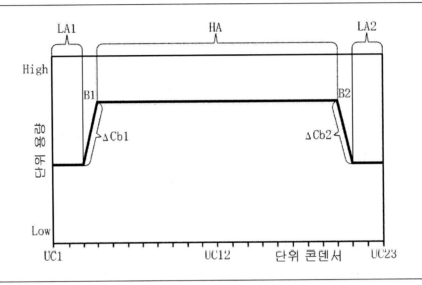

요약

본 발명은 CR곱의 향상을 도모할 수 있는 적층 세라믹 콘덴서를 제공한다.

적층 세라믹 콘덴서(10)는 23개의 단위 콘덴서(UC1 내지 UC23)를 구비하고, 상기 23개의 단위 콘덴서(UC1 내지 UC23)는 3개의 단위 콘덴서(UC1 내지 UC3)로 이루어지는 제1 저용량 구역(LA1)과, 상기 3개의 단위 콘덴서(UC1 내지 UC3)보다 단위 용량이 큰 17개의 단위 콘덴서(UC4 내지 UC20)로 이루어지는 고용량 구역(HA)과, 상기 17개의 단위 콘덴서(UC4 내지 UC20)보다 단위 용량이 작은 3개의 단위 콘덴서(UC21 내지 UC23)로 이루어지는 제2 저용량 구역(LA2)과, 제1 저용량 구역(LA1)과 고용량 구역(HA) 사이에 존재하고, 인접한 2개의 단위 콘덴서(UC3 및 UC4)를 포함하는 제1 용량 변화부와, 고용량 구역(HA)과 제2 저용량 구역(LA2) 사이에 존재하고, 인접한 2개의 단위 콘덴서(UC20 및 UC21)를 포함하는 제2 용량 변화부를 구성한다.

출원인   캐논 가부시끼가이샤
고쿠리츠다이가쿠호징 야마나시다이가쿠

출원일   2012.05.28

등록일   016.01.19

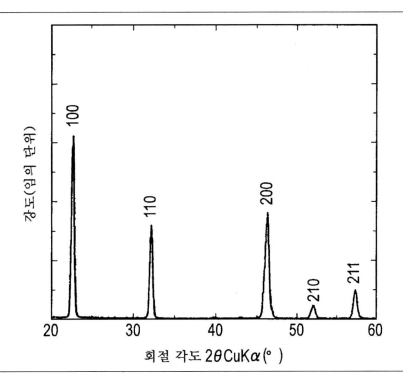

요약

압전성이 양호하고, (1-x)NaNbO3-xBaTiO3에 의해 표현되는 금속 산화물을 포함하는 배향성 압전 세라믹을 제공한다. 또한, (1-x)NaNbO3-xBaTiO3에 의해 표현되는 금속 산화물을 포함하는 배향성 압전 세라믹을 이용한 압전 소자와, 상기 압전 소자를 이용한 액체 토출 헤드, 초음파 모터 및 진애 제거 장치를 제공한다. 배향성 압전 세라믹은, (1-x)NaNbO3-xBaTiO3(단, 0003c#x003c#0.3의 관계를 만족함)에 의해 표현되는 금속 산화물을 주성분으로서 포함하고, 배향성 압전 세라믹은 납의 함유량과 칼륨의 함유량이 각각 1000ppm 이하이다.

출원인   코닝 인코포레이티드

출원일   2014.10.09

공개일   2016.06.13

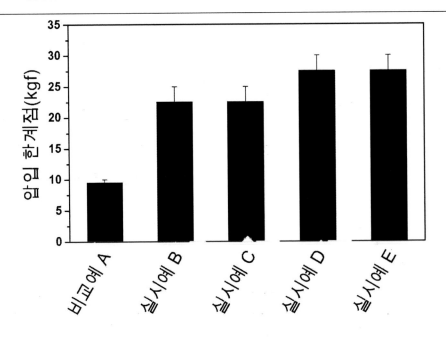

요약

적어도 15 kgf의 비커스 압입 균열 개시 임계값을 나타내는 유리-세라믹은 개시된다. 상기 유리-세라믹은 이온 교환 가능하거나 또는 이온 교환될 수 있다. 상기 유리-세라믹은 얇은 전구체 유리 제품을 약 10℃/분 내지 약 25℃/분 범위의 평균 냉각 속도를 갖는 세라믹화 사이클에 적용시켜 발생된 결정질상 및 비정질상을 포함한다. 하나 이상의 구체 예에서, 상기 결정질상은 상기 유리-세라믹의 적어도 20 wt%를 포함할 수 있다. 상기 유리-세라믹은 주 결정질상으로 β-스포듀민 ss를 포함할 수 있고, 약 0.8㎜의 두께에 대하여 400-700nm 범위의 파장에 걸쳐 ≥ 약 85%의 평균 불투명도 및 -3 내지 +3의 a*, -6 내지 +6의 b*, 및 88 내지 97의 L*의, 포함 경면 반사율로 결정된 CIE 광원 F02 및 10° 의 관찰 각에 대한 색상을 나타낼 수 있다.

출원인   한국과학기술원

출원일   2012.05.15

등록일   2014.01.21

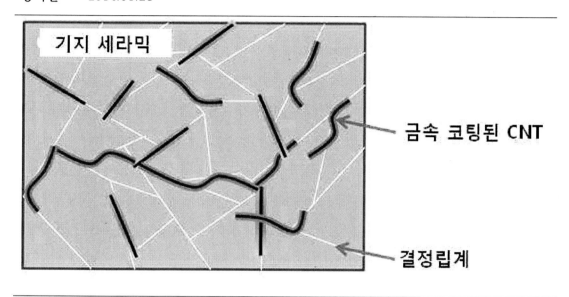

요약

본원은, 금속-코팅된 탄소나노튜브/세라믹 나노복합 분말 및 그의 제조방법, 및 상기 금속
-코팅된 탄소나노튜브/세라믹 나노복합 분말을 포함하는 탄소나노튜브/세라믹 나노복합
소재 및 그의 제조 방법에 관한 것이다.

출원인	(주)삼광기업
출원일	2018.06.21
등록일	2020.03.13

요약

본 발명은 세라믹 코팅층이 형성된 전기자동차용 배터리 케이스에 관한 것으로 보다 구체적으로는 전기자동차용 배터리 케이스의 표면에 세라믹 코팅층을 형성시킴으로써 방열성능을 향상시킬 뿐만 아니라, 상기 세라믹 코팅층을 물유리가 포함된 무기질 세라믹 코팅층으로 형성시키되, 입자크기가 각기 다른 다양한 졸(sol)을 사용하여 혼합 조밀도를 증대시킴으로써 졸 간의 결합력을 증대시키고 이로 인해 내구성을 향상시킬 수 있도록 하는, 세라믹 코팅층이 형성된 전기자동차용 배터리 케이스에 관한 것이다.

출원인 한국에너지기술연구원

출원일 2018.05.28

등록일 2020.03.06

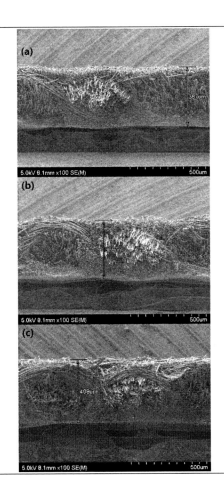

요약

본 발명은 수전해 분리막에 관한 것으로서, 다공성 지르코니아 세라믹 직물을 기반으로 함으로써, 높은 전도도, 낮은 수소투과도, KOH에 대한 뛰어난 젖음성 및 두께가 얇으면서 물리적 강도가 뛰어난 분리막을 제공하는 효과가 있다.

출원인   순천향대학교 산학협력단

출원일   2018.02.08

등록일   2020.01.08

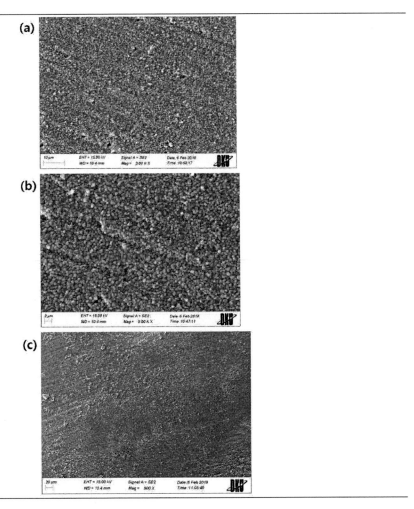

요약

본 발명은 세라믹 표면 에칭제 조성물 및 이를 이용한 세라믹의 표면처리방법에 관한 것으로서, 상기 에칭제 조성물은 불산 연기(fume)가 발생하지 않으며 불산 증기(vapor)의 발생이 적어 작업성이 우수하고, 상기 표면처리방법은 상온에서 초음파 처리 없이 짧은 시간 동안 세라믹 표면을 균일하게 에칭할 수 있다.

출원인	고려대학교 산학협력단
출원일	2019.02.22
등록일	2020.12.22

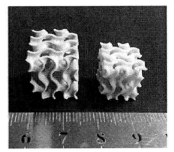 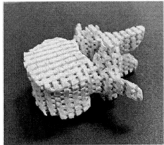 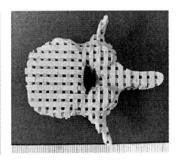

요약

본 발명은 광경화성 세라믹 3D 프린팅용 세라믹 슬러리 조성물 제조 기술에 관한 것이다.

본 발명에서는 희석제로 캠퍼(camphor)를 사용하여 높은 세라믹 함량(고충진)을 가지면서, 동시에 낮은 점도 및 흐름성을 가지는 광경화성 세라믹 슬러리 조성물을 제조할 수 있으며, 이를 컴퓨터 제어 기반의 3차원 프린팅 기술과 광경화 성형기술의 융합을 통해 세라믹 구조체로 제조할 수 있다.

출원인   한국기계연구원

출원일   2018.10.29

등록일   2020.02.06

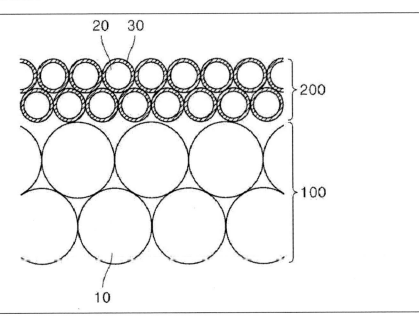

요약

본 발명에서는 다공성 세라믹 분리층에 존재하는 코팅 물질 SiO2 및 TiO2의 몰비를 조절함으로써, SiO2의 내오염성과 TiO2의 광분해 활성을 동시에 향상시키는 세라믹 분리막에 대하여 개시한다.

본 발명에 따른 SiO2 및 TiO2로 표면 개질된 세라믹 분리막은 다공성 세라믹 지지층; 및 상기 다공성 세라믹 지지층 상에 위치하는 다공성 세라믹 분리층;을 포함하고, 상기 다공성 세라믹 분리층은 세라믹 입자 및 상기 세라믹 입자 표면을 코팅하는 코팅막을 포함하며, 상기 코팅막은 SiO2 및 TiO2을 포함하고, 상기 코팅막은 SiO2 및 TiO2의 전체 100mol% 대하여, TiO2 10~60mol%를 포함하는 것을 특징으로 한다.

출원인 주식회사 에이스테크놀로지

출원일 2019.03.07

등록일 2020.12.15

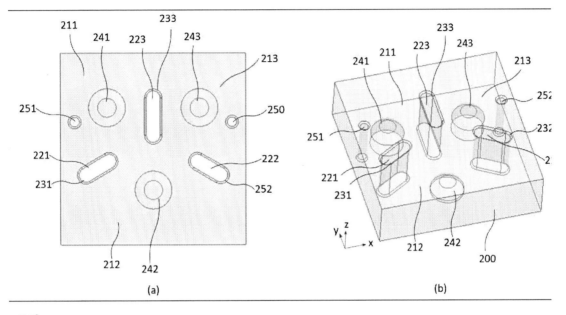

(a)   (b)

요약

본 발명은 단일 세라믹 블록에서 미리 지정된 패턴에 따라 상기 세라믹 블록의 구획을 구분하도록 형성된 다수의 관통 격벽에 의해 정의되는 다수의 공진 캐비티, 상기 관통 격벽에 의해 구분된 상기 다수의 공진 캐비티의 구획 내에 형성되는 다수의 공진 홈, 상기 다수의 관통 격벽 각각의 내측면에 형성되는 금속층 및 상기 다수의 공진 캐비티 중 신호를 입력 및 출력하는 2개의 공진 캐비티에 형성되는 입출력 인터페이스를 포함하는 세라믹 웨이브가이드 필터 및 이의 제조 방법을 제공한다. 공진 캐비티의 구획 내에 공진 홈이 형성됨에 따라 소형으로 제조될 수 있으며, 스퓨리어스 특성을 개선할 수 있다.

출원인   삼성전기주식회사

출원일   2018.09.03

등록일   2020.12.09

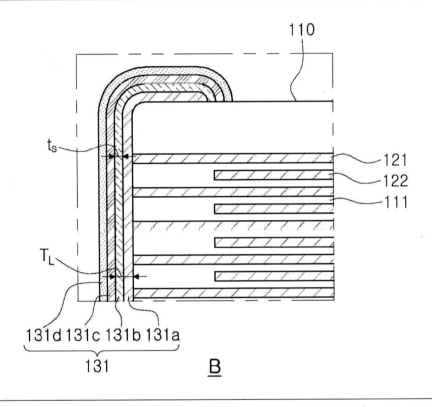

요약

본 발명은 유전체층 및 상기 유전체층을 사이에 두고 서로 대향하도록 배치되는 복수의 내부전극을 포함하며, 제1 방향으로 대향하는 제1 면 및 제2 면, 상기 제1 면 및 제2 면과 연결되고, 제2 방향으로 대향하는 제3 면 및 제4 면, 상기 제1 면 내지 제4 면과 연결되고, 제3 방향으로 대향하는 제5 면 및 제6 면을 포함하는 세라믹 바디 및 상기 세라믹 바디의 외측에 배치되되, 상기 내부전극과 전기적으로 연결되는 외부전극을 포함하며, 상기 외부전극은 상기 내부전극과 전기적으로 연결되는 전극층 및 상기 전극층 상에 배치된 전도성 수지층을 포함하며, 상기 세라믹 바디의 제1 및 제2 방향 단면에서의 상기 전극층 및 전도성 수지층 두께의 합(TL)은 12 μm 이상인 적층 세라믹 전자부품을 제공한다.

출원인   정경우

출원일   2019.05.15

등록일   2020.12.04

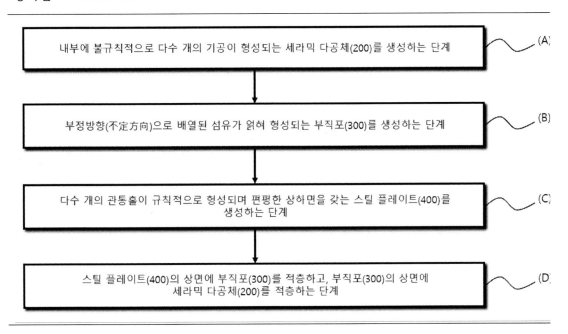

내부에 불규칙적으로 다수 개의 기공이 형성되는 세라믹 다공체(200)를 생성하는 단계 ⟶ (A)

부정방향(不定方向)으로 배열된 섬유가 얽혀 형성되는 부직포(300)를 생성하는 단계 ⟶ (B)

다수 개의 관통홀이 규칙적으로 형성되며 편평한 상하면을 갖는 스틸 플레이트(400)를 생성하는 단계 ⟶ (C)

스틸 플레이트(400)의 상면에 부직포(300)를 적층하고, 부직포(300)의 상면에 세라믹 다공체(200)를 적층하는 단계 ⟶ (D)

요약

본 발명은 세라믹 그린시트의 박리 및 이송을 위한 적층 구조체의 제조방법에 관한 것이다. 본 발명에 따른 세라믹 그린시트의 박리 및 이송을 위한 적층 구조체의 제조방법은 (A) 내부에 불규칙적으로 다수 개의 기공이 형성되는 세라믹 다공체(200)를 생성하는 단계; (B) 부정방향(不定方向)으로 배열된 섬유가 얽혀 형성되는 부직포(300)를 생성하는 단계; (C) 다수 개의 관통홀이 규칙적으로 형성되며 편평한 상하면을 갖는 스틸 플레이트(400)를 생성하는 단계; 및 (D) 스틸 플레이트(400)의 상면에 부직포(300)를 적층하고, 부직포(300)의 상면에 세라믹 다공체(200)를 적층하는 단계를 포함한다.

출원인   한국세라믹기술원

출원일   2018.12.12

등록일   2020.12.03

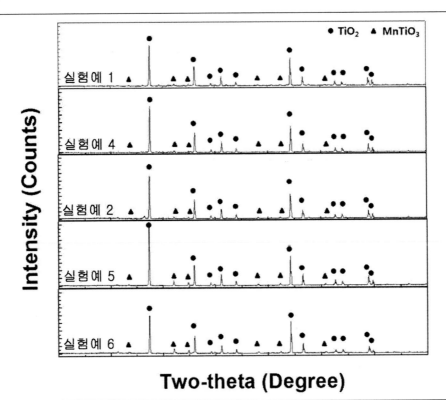

요약

본 발명은, 산화티탄 분말, 탄산망간 분말 및 산화크롬 분말을 제1 용매에 혼합하여 제1 슬러리를 형성하는 단계와, 상기 제1 슬러리를 스프레이 건조하여 제1 과립 복합분말을 형성하는 단계와, 상기 제1 과립 복합분말과 티탄산화물 나노입자를 제2 용매에 혼합하여 제2 슬러리를 형성하는 단계와, 상기 제2 슬러리를 건조하여 제2 과립 복합분말을 형성하는 단계와, 상기 제2 과립 복합분말을 성형하는 단계 및 성형된 결과물을 소결하는 단계를 포함하는 산화티탄-산화망간 복합 세라믹스의 제조방법에 관한 것이다. 본 발명에 의해 제조된 산화티탄-산화망간 복합 세라믹스에 의하면, 티탄산화물 나노입자를 사용하여 기지상 입자 사이의 결합을 증가시켜 목 형성을 강화함으로써 우수한 기계적 강도 및 전기전도성을 가진다.

출원인   정무수

출원일   2019.07.24

등록일   2020.12.01

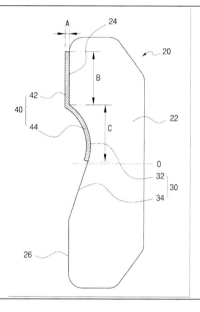

요약

본 횡향 용접용 세라믹 백킹재는 수직방향으로 일렬로 배치되는 상부 모재 및 하부 모재의 용접부 이면에 배치되는 세라믹 바디와, 상기 세라믹 바디의 전면 중앙에 세라믹 바디의 길이방향으로 형성되고 용접 용융물이 채워져 이면 비드를 형성하는 비드홈과, 상기 세라믹 바디의 전면 상부에 형성되고 상부 모재에 접촉되는 상부 접촉면과, 세라믹 바디의 전면 하부에 형성되고 하부 모재에 접촉되는 하부 접촉면을 포함하고, 상기 세라믹 바디의 전면에는 아크 유지 및 비드홈의 상부에 언더컷이 발생되는 것을 방지하도록 용접시 용융되어 충진재 역할을 하는 통전 블럭이 부착된다.

20	우수한 내마모성 및 전기절연성을 가지는 코팅층 형성용 유/무기 하이브리드 세라믹 코팅제 제조방법
출원인	창원대학교 산학협력단 주식회사 오프
출원일	2019.02.28
등록일	2020.11.19

시작

→

| 콜로이드 실리카와 육방정계 질화붕소(h-BN)의 혼합 단계 | ~ S100 |

↓

| 촉매와 실란의 첨가 및 혼합 단계 | ~ S200 |

↓

| 기능성 세라믹 분말의 첨가 및 혼합 단계 | ~ S300 |

↓

종료

요약

본 발명은 (a) 용매에 콜로이드 실리카(Colloidal Silica) 5~50wt% 및 육방정계 질화붕소 (hexagonal boron nitride, h-BN) 5~20wt%를 첨가하고 교반하는 단계; (b) 상기 단계 (a)에서 얻어진 용액에 촉매 및 실란(MTES, MTMS, ETMS, OTMS, ETES, GPTMS, VTMS, MPTMS, GOPTMS 등) 1~20wt%를 첨가하고 교반하는 단계; 및 (c) 상기 단계 (b)에서 얻어진 용액에 기능성 세라믹 분말을 10~40wt% 첨가하고 교반하는 단계;를 포함하는 유/무기 하이브리드 세라믹 코팅제의 제조방법에 대한 것으로서, 본 발명에 따르면, 내마모성 및 전기절연성이 뛰어난 코팅층을 형성할 수 있는 유/무기 하이브리드 세라믹 코팅제를 제조할 수 있으며, 일례로, 본 발명에 의해 제조한 기능성 세라믹 분말이 함유된 유/무기 하이브리드 코팅제를 베어링 표면에 코팅함으로써, 베어링 모재를 보고하고, 내마모성, 내열성, 내구성, 윤활성, 절연성, 진동흡수성, 방음효과 등의 추가적인 기능을 부여함으로써 베어링의 성능을 향상시킬 수 있다.

나. 세라믹 센서

1) 세라믹 센서의 종류

센서란 어떤 물질의 물리적, 화학적 양을 감지하여 이를 전기적, 기계적, 광학적 신호로 변환시키는 기능을 하는 소자를 통칭하는 용어로, 산업이 발달함에 따라 센서의 수요가 기하급수적으로 증가하게 되었으며, 응용분야 또한 확대되고 있다.

센서의 종류는 다양하며, 센서에 요구되는 니즈가 다양한데, 그 중 몇 가지를 정리해보면 다음과 같다.

분야	실시예
재해방지센서	화재, 원자로 사고, 지진, 화산폭발 등의 이상 사태 및 전조 감지
환경보전센서	글로벌 환경의 모니터링을 위한 다차원 센서
극한환경센서	우주, 해양 등 극한 환경에서 견딜 수 있는 고강도의 내방사선 센서
5감모방센서	식품의 신선도, 맛, 냄새 등을 감지하는 센서(일명 전자코)
초감각센서	인간이 감지 불가능한 물체, 상태, 소리, 냄새 등을 감지하는 센서

[표 42] 센서에 요구되는 니즈

세라믹은 수많은 센서들의 핵심소재인 감지재료로 많이 사용되고 있다. 그 이유는 먼저, 센서가 고온 다습하고 반응성 또는 부식성이 높은 조건에서 사용되는 경우 세라믹이 가장 신뢰성 있는 재료이기 때문이다. 다음으로, 일반적으로 전기적, 자기적, 광학적, 열적, 기계적 특성은 조성 변화로 조절이 가능한데, 세라믹는 조성변화는 물론 미세구조의 제어에 의해 특성이 조절될 수 있다.

세라믹의 미세구조는 입자, 입계, 기공으로 구성되어 있어 출발원료의 입도분포, 소결 및 열처리 온도, 분위기 가스 등 제조공정의 제어로 조절이 가능해 다른 소재들 보다 세라믹이 센서에 적합한 소재라는 것을 의미한다.

세라믹 센서를 기능별로 분류하면 다음과 같이 분류할 수 있다.

응용 분야	소자형태	감지원리	감지재료
온도	NTC 서미스터	벌트중의 캐리어 농도의 변화에 의한 전기전도도 변화	NiO, FeO, MnO, SiC, CoO
	PTC 서미스터	입계전위장벽높이의 변화에 의한 전기전도도 변화	$BaTiO_3$
	CTR(온도스위치)	반도체, 금속 상전이에 의한 전기전도도 변화	VO_2
습도	Proton 전도형 센서	수증기의 화학/물리흡착에 의한 표면저항 변화	$MgCr_2O_4$-TiO_2, V_2O_5-TiO_2, $ZnCro_2O_4$-$LiZnVO_4$
가스	표면제어형 센서	입계/neck에서 공간저하층의 변화에 의한 표면전기전도도 변화	SnO_2, ZnO, TiO_2, In_2O_3, WO_3
	벌크제어형센서	벌크의 격자결함농도의 변화에 의한 전기전도도 변화	γ-Fe_2O_3, (La,Sr)CoO_3
	고체전해질형 산소센서	지르코니아셀을 통한 산소이온 전도에 의한 기전력	ZrO_2-CaO, -MgO, -Y_2O_3
이온	MOSFET형 이온센서	Gate의 세라믹박막이 용액에 노출되었을 때 용액중의 이온에 의한 gate전압 변화	Si_3N_4, Al_2O_3 or Ta_2O_5/SiO_2/Si
압전	위치, 가속도, 초음파 센서	기계적 에너지와 전기적 에너지와의 상호변환 성질	Pb(Zr_xTi_{1-x})O_3 (PZT)
광	초전형 적외선 센서	자발분극의 온도변화에 의한 표면 흡착전하량 변화	$PbTiO_3$, $LiTaO_3$, $LiNbO_3$, PZT

[표 43] 세라믹 센서의 종류와 감지재료

고체전해질형 센서의 경우 ZrO_2 셀을 통한 산소이온의 전도에 의해 발생하는 기전력을 이용하여 산소농도를 측정하기 때문에 이온센서로 분류할 수 있으며, O_2 가스 농도를 측정한다는 측면에서 보아 가스센서로 분류할 수 있다.

1 세라믹 형광체를 이용한 가스 감지 센서

출원인 한국세라믹기술원

출원일 2018.12.26

등록일 2021.01.06

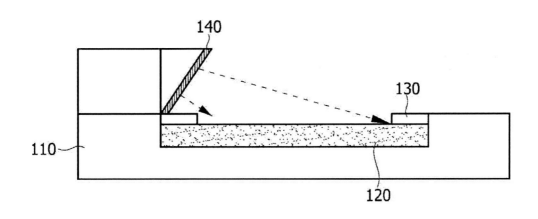

요약

본 발명의 일실시 형태는, 기판과, 상기 기판상에 배치되는 세라믹 형광체와, 상기 세라믹 형광체 상부에 형성되며 세라믹 형광체의 적어도 일부 영역을 노출시키는 커버부를 포함하는 가스 감지 센서를 제공할 수 있다.

| 2 | 2개의 다공성 세라믹층을 포함하여 측정 가스 챔버 내의 측정 가스의 하나 이상의 특성을 검출하기 위한 고체 전해질 센서 부재의 제조 방법 |

출원인 로베르트 보쉬 게엠베하

출원일 2014.01.10

등록일 2020.06.16

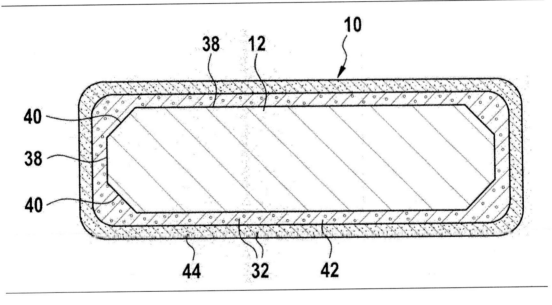

요약

본 발명은, 측정 가스 챔버 내의 측정 가스의 하나 이상의 특성을 검출하는, 특히 측정 가스 내의 가스 성분의 비율, 또는 측정 가스의 온도를 검출하는 센서 부재(10)를 제조하기 위한 방법에 관한 것이다. 상기 방법은, 하나 이상의 기능 부재(14, 16, 18)를 포함하는 하나 이상의 고체 전해질(12)을 제공하는 단계와, 고체 전해질(12) 상에 세라믹 재료로 이루어진 하나 이상의 제 1 층(42)을 적어도 일부 영역에 도포하여, 상기 제 1 층(42)이 도포 후에 제 1 기공률을 갖게 하는 단계와, 세라믹 재료로 이루어진 하나 이상의 제 2 층(44)을 적어도 일부 영역에 도포하여, 상기 제 2 층(44)이 도포 후에 제 2 기공률을 갖게 하고, 제 1 층(42)은 하나 이상의 재료 특성의 관점에서 제 2 층(44)과 구별되게 하는 단계를 포함한다. 또한, 본 발명은 상기 방법에 따라 제조될 수 있는 센서 부재에도 관한 것이다.

3   후막 인쇄 공정에 의한 압력센서용 세라믹 다이어프램의 제조방법 및 그에 의한
압력센서

출원인   주식회사 이엠티

출원일   2018.12.26

등록일   2020.04.28

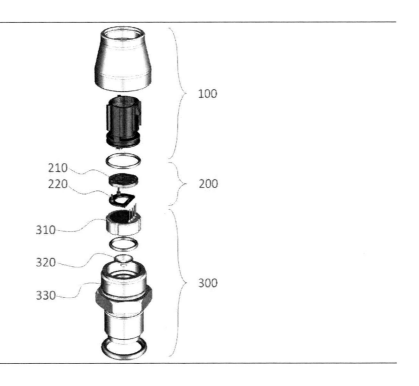

요약

본 발명은 압력센서용 세라믹 다이어프램을 후막 인쇄 공정에 의해 제조하는 방법과 이에
의한 세라믹 다이어프램이 적용된 압력센서에 관한 것이다.

본 발명은 다음과 같은 효과를 발휘한다.

즉, 비저항이 높아 박막공정대비 높은 감도를 갖고, 적용가능한 온도범위가 넓어 다양한
환경에 적용가능하며, 수율이 높아 대량생산이 용이한 장점이 있다.

출원인　　한국산업기술대학교산학협력단

출원일　　2018.02.21

등록일　　2020.01.23

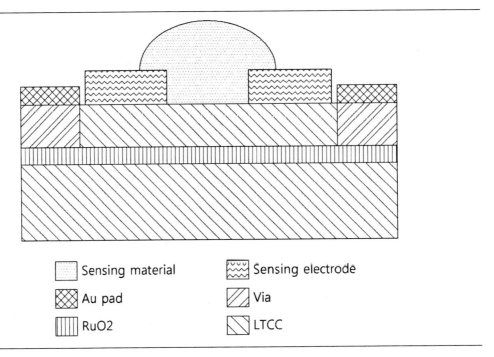

▦ Sensing material	▦ Sensing electrode
▦ Au pad	▦ Via
▦ RuO2	▦ LTCC

요약

본 발명은 LTCC를 이용한 유해가스 감지센서의 제조방법에 관한 것으로서, 더욱 자세하게는 제1 LTCC 층을 형성하는 단계, 상기 제1 LTCC 층 상에 히터층을 형성하는 단계, 상기 히터층 상에 제2 LTCC 층을 형성하는 단계, 상기 제1 LTCC 층 하부 및 상기 제2 LTCC 층 상부에 알루미나 그린시트를 각각 형성하는 단계, 상기 알루미나 그린시트, 제1 LTCC 층, 제2 LTCC 층 및 히터층을 포함하는 구조체를 소성하는 단계, 상기 알루미나 그린시트를 제거하는 단계, 상기 소성된 제2 LTCC 층상에 감지전극을 형성하는 단계 및 상기 감지전극 상에, 검출 대상에 따라 감지전극 사이의 저항값을 변화시키는 감지물질을 형성하는 단계를 포함하고, 상기 알루미나 그린시트는, z축 방향으로만 수축이 진행되고, x축 및 y축은 수축되지 않는 것인 유해가스 감지센서의 제조방법이다.

산소센서용 세라믹 실링소재의 공기누설 테스트용 지그

출원인	주식회사 한국전자재료(케이.이.엠) 한국자동차연구원
출원일	2017.07.20
등록일	2019.09.17

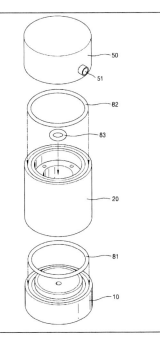

요약

본 고안은 산소센서용 세라믹 실링소재의 공기 누설 테스트용 지그에 관한 것으로서, 하측에 유입부가 형성되고 상측에 밀폐부재 홈이 형성되는 지그 하부; 상측 및 하측에 밀폐부재 홈이 형성되고 내측에 하우징 수용부가 형성되며 상기 지그 하부의 상부에 결합되는 지그 중간부; 하측에 밀폐부재 홈이 형성되고 내측으로 센서 소자와 실링 부재를 수용할 수 있도록 센서 수용부가 형성되고 상기 하우징 수용부에 삽입되도록 형성된 하우징; 상기 하우징 수용부를 덮는 지그 커버; 및 일측에 유출부가 형성되고 하측에 밀폐부재 홈이 형성되며 상기 지그 중간부의 상부에 결합되는 지그 상부;를 특징으로 할 수 있다.

출원인   한국전자기술연구원

출원일   2017.08.23

등록일   2019.09.09

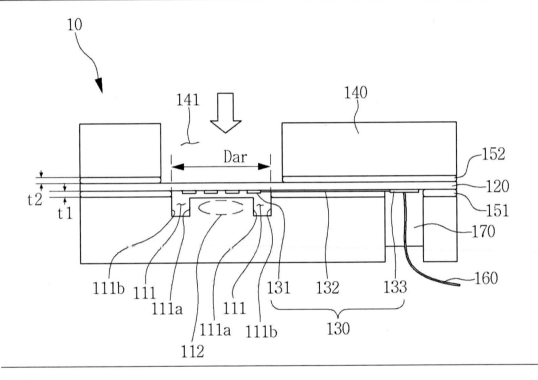

요약

본 발명의 일실시예는, 상면에 다이어프램 홈이 형성된 하부기판, 상기 하부기판의 상면에 결합되며, 상기 하부기판에 의해 지지되는 고정부와 상기 다이어프램 홈에 대응되는 가동부의 두께가 균일한 중간기판, 상기 중간기판의 하면에 형성되어 중간기판의 변형을 측정하는 센싱부, 및 상기 다이어프램 홈에 대응하는 위치에 상기 다이어프램 홈 보다 넓은 매질홀이 형성되고, 상기 중간기판의 상면에 결합되는 상부기판을 포함하는 세라믹 압력센서 및 그 제조방법을 제공한다.

출원인   주식회사 유라테크

출원일   2016.12.30

등록일   2018.07.19

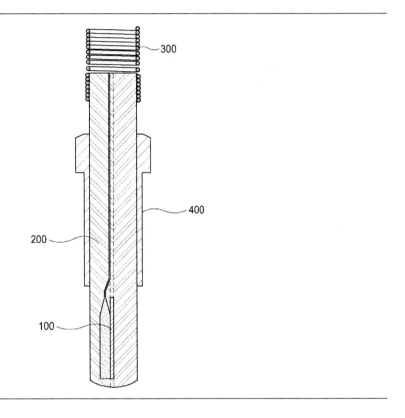

요약

센서용세라믹기판 내에 소정 선폭을 갖는 금속 재질의 센서패턴이 형성되는 온도센서층; 및 상기 온도센서층의 어느 일 측에 적층되며, 히터용세라믹기판 내에 소정 선폭을 갖는 금속 재질의 히터패턴이 형성되는 히터층;을 포함하며, 상기 온도센서층 및 상기 히터층은 적층된 상태에서 압착된 이후 환원 분위기 및 진공 분위기 중 어느 하나를 선택하여 소결 공정으로 형성되는 글로우 플러그용 세라믹 발열체를 제공한다.

출원인　　한국세라믹기술원

출원일　　2017.04.03

등록일　　2018.08.14

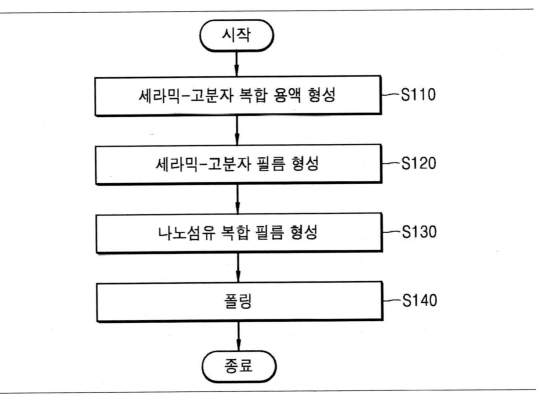

요약

폴링 공정(poling process)에 의해 압전 효율을 극대화시킨 나노섬유 복합필름을 적용하는 것을 통하여, 구조물에 부착하여 사용되는 센서의 성능을 향상시킬 수 있는 나노섬유 복합필름 제조 방법 및 이를 갖는 구조물 모니터링 센서에 대하여 개시한다.

이 결과, 본 발명에 따른 구조물 모니터링 센서를 에너지 하베스팅 시스템(energy harvesting system) 또는 발전기 시스템(generator system) 기능으로 활용할 시, 구조물의 안전 진단을 모니터링하기 위한 무전원 자가발전 세라믹 모듈로도 적용하는 것이 가능해질 수 있다.

출원인 한국전기연구원

출원일 2011.12.08

등록일 2014.01.02

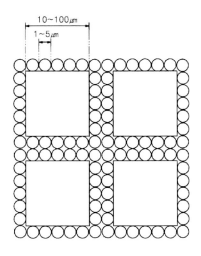

요약

본 발명은 비납계 압전 세라믹에 관한 것으로서, 센서 및 액추에이터용 비납계 압전 세라믹 조성물에 있어서, 5 내지 100㎛ 크기를 가지고 단결정으로 이루어지는 강유전체상 물질 주변둘레에 0.1 내지 5㎛ 크기를 가지고 다결정구조를 가지는 상유전체상물질이 둘러싼 형태로 존재 하는 압전 세라믹을 제공함으로써, 상기 압전세라믹에 전계 인가시 주변에 둘러싼 부위의 상유전체상 물질이 상유전체상에서 강유전체상으로의 상변이와 중앙 부위의 강유전체상 물질의 도메인 재배열이 발생되어 고변형율을 나타내는 것을 특징으로 하는 센서 및 액추에이터용 비납계 압전 세라믹 조성물을 기술적 요지로 한다. 이에 의해 최종 압전 성형물이 최소 두 가지 이상을 상을 가지면서, 전계 인가시 상변이와 도메인 재배열이 발생되어 고변형율에 의한 유전율의 증가와 압전상수(d33)가 우수하여, 충격 센서, 가속도센서, 초음파 센서, 적층형 압전액추에이터, 압전변압기 및 초음파 진동자, 착화소자와 같은 고신뢰성 압전부품을 제조할 수 있으며, 납에 의한 환경 오염을 감소시킬 수 있는 이점이 있다.

출원인 니혼도꾸슈도교 가부시키가이샤

출원일 2011.01.14

등록일 2014.06.12

표본	제1생성상 (주 위상)								제2결정상 (2차 위상)			2차원 상관 방향 (mol%)	비유 전율 E_{33}^T/L	압전 상수 d_{33} C/N	전기 기계 결합 함수
	원소C	원소B	a	b	c	d	e	f	원소A	원소B	x				
501	-	-	-	-	-	-	-	-	K	Nb	0	100	500	-	-
502	-	-	-	-	-	-	-	-	K	Nb	0.15	100	500	-	-
503	-	Nb	0.500	0.500	0	0	1.00	3.00	-	-	-	0	430	90	0.30
504	-	Nb	0.490	0.490	0.020	0	1.00	3.00	-	-	-	0	430	95	0.31
505	-	Nb	0.480	0.480	0.021	0	1.00	3.00	K	Nb	0	5	1080	154	0.36
506	Ca	Nb	0.421	0.518	0.022	0.039	1.07	3.06	K	Nb	0.15	4	1100	120	0.30
507	Ca	Nb	0.421	0.518	0.022	0.039	1.07	3.06	K	Nb	0.15	4	1110	164	0.32
508	Ca	Nb	0.421	0.518	0.022	0.039	1.07	3.06	K	Nb	0.15	5	1280	170	0.43
509	Ca	Nb	0.421	0.518	0.022	0.039	1.07	3.06	K	Nb	0.15	6	1050	183	0.65
510	Ca	Nb	0.421	0.518	0.022	0.039	1.07	3.06	K	Nb		10	1000	120	0.81
511	Ca	Nb	0.421	0.518	0.022	0.039	1.07	3.06	K	Nb	0.15	15	950	105	0.90
512	Ca	Nb	0.421	0.518	0.022	0.039	1.07	3.06	K	Nb	0.15	20	900	80	0.80
513	Ca	Ta	0.453	0.474	0.022	0.049	1.07	3.06	K	Ta		5	1250	153	0.35
514	Ca	Nb	0.455	0.474	0.022	0.049	1.07	3.06	K	Nb	0.15	5	1200	155	0.38
515	Ca,Sr	Nb	0.420	0.519	0.022	0.039	1.07	3.06	K	Nb	0	5	930	120	0.31

제 1 결정상(주 위상) : $(K_a,Na_b,Li_c,C_e)_D O_f$

(C: Ca, Sr 및 Ba 중 적어도 하나, D: Nb 및 Ta 중 적어도 하나, a+b+c+d≒1,

e: 임의의 값, f: 페로브스카이트 구조를 구성하는 임의의 값)

제 2 결정상(2차 위상) : $A_{1-x}Ti_{1-x}B_{1+x}O_5$

(A: 적어도 1종의 알칼리 금속, B: Nb 및 Ta 중 적어도 하나, x: 임의의 값)

요약

(목적) -50℃ 내지 +150℃ 사이에서 갑작스러운 특성 변화 없이 양호한 압전특성을 갖는 무연 압전 세라믹 조성물의 제공.

(해결수단) 무연 압전 세라믹 조성물은 압전특성을 갖는 알칼리 니오베이트/탄탈레이트 유형 페로브스카이트 산화물의 제 1 결정상 및 A-Ti-B-O 복합산화물의 제 2 결정상(여기에서, 상기 원소 A는 알칼리 금속이고; 상기 원소 B는 Nb 및 Ta 중 적어도 하나이며; 그리고 상기 원소 A, 상기 원소 B 및 Ti의 함량은 0이 아님)을 포함한다. 상기 제 2 결정상의 예로는 A1-xTi1-xB1+xO5로 표시되는 것들이 있다. x 는 0≤x≤0.15를 만족하는 것이 바람직하다.

| 11 | 써미스터 온도센서용 세라믹 조성물 및 그 조성물로 제조된 써미스터 소자 |

출원인   태성전장주식회사

출원일   2012.06.28

등록일   2013.01.03

요약

본 발명은 자동차의 배기가스 계통에 질소산화물, 일산화탄소 및 불연소 파티클을 제거하는 DOC와 DPF 또는 이와 유사한 고온 환경 산업용으로 사용되는 써미스터 온도센서용 세라믹 조성물 및 그 조성물로 제조된 써미스터 소자에 관한 것으로, 더욱 상세하게는 $ABO3$로 표기되는 페르보스카이트형 결정구조를 갖는 페르보스카이트상의 원소에 4B족인 Sn 5B족인 Sb, Bi원소를 첨가하여 이루어지되, 상기 A는 2A 및 LA를 제외한 3A족 중 적어도 1종 이상의 원소로 이루어지고, 상기 B는 천이금속인 4A, 5A, 6A, 7A, 8A, 2B 및 3B 중 적어도 1종 이상의 원소로 이루어진다.

출원인　박성현

출원일　2011.03.07

등록일　2013.01.24

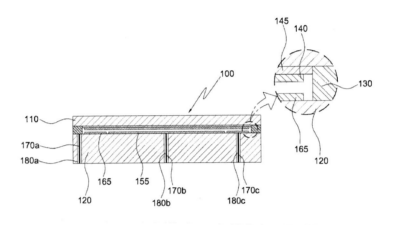

요약

본 발명의 목적은, 정전용량형 압력센서의 커버체와 몸체를 접합하는 과정에서 접합체에 의한 전극의 오염을 방지 또는 최소화시키는 구조를 가진 정전 용량형 압력센서를 제공하는 것이다. 본 발명에 따른 정전용량형 압력센서는, 일면에 제1 전극이 부착된 커버체와, 상기 제1 전극과 소정의 간격으로 마주하는 제2 전극이 일면에 부착된 몸체와, 상기 커버체와 상기 몸체 사이에서 상기 커버체와 상기 몸체를 서로 접합시키는 접합체를 포함하는 정전용량형 압력센서에 있어서, 상기 제1 전극과 상기 접합체는 서로 분리되어 있고, 상기 제1 전극과 상기 접합체 사이에 위치하여 상기 제1 전극과 상기 접합체를 전기적으로 서로 연결시키는 확산방지체가 형성되어 있는 것을 특징으로 한다.

출원인   주식회사 현대케피코

출원일   2012.10.31

등록일   2013.11.06

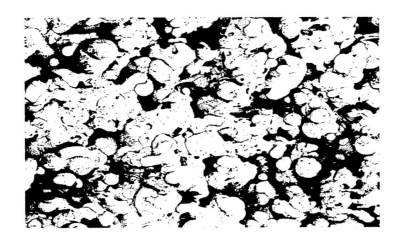

요약

본 발명은 다공성의 세라믹 코팅층이 형성된 산소센서 및 다공성의 세라믹 코팅층을 형성하는 방법에 관한 것으로, 보다 상세하게는 소정의 입자 크기를 갖는 세라믹 분말을 이용하여 산소센서의 센싱부에 플라즈마 코팅을 수행하여 상기 센싱부 표면에 다공성의 세라믹 코팅층을 형성하는 다공성의 세라믹 코팅층이 형성된 산소센서 및 다공성의 세라믹 코팅층을 형성하는 방법에 관한 것이다.

출원인   한국전기연구원

출원일   2010.09.28

등록일   2012.10.31

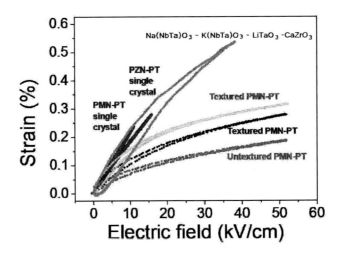

요약

본 발명은 비납계 압전 세라믹 조성물과 그의 제조방법에 관한 것으로서, 센서나 액추에이터로 사용되는 비납계 압전 세라믹 조성물에 있어서, 원료용 비납계 압전 세라믹을 각각 제조한 후 혼합, 분쇄, 건조, 소결시켜, 상유전체상 및 강유전체상이 혼합되고 이러한 상들이 코어-셀 구조로 존재하는 압전 성형물을 제조함으로써, 상기 압전 성형물에 전계 인가시 셀 부위에서 상유전체상에서 강유전체상으로의 상변이와 코어 부위에서 강유전체상의 도메인 재배열이 발생되어 고변형율을 나타내는 것을 특징으로 하는 센서나 액추에이터로 사용되는 비납계 압전 세라믹 조성물을 기술적 요지로 한다. 이에 의해 최종 압전 성형물이 최소 두 가지 이상을 상을 가지면서, 전계 인가시 상변이와 도메인 재배열이 발생되어 고변형율에 의한 유전율의 증가와 압전상수(d33)가 우수하여, 충격 센서, 가속도센서, 초음파 센서, 적층형 압전액추에이터, 압전변압기 및 초음파 진동자, 착화소자와 같은 고신뢰성 압전부품을 제조할 수 있으며, 납에 의한 환경 오염을 감소시킬 수 있는 이점이 있다.

출원인　　엘지이노텍 주식회사

출원일　　2011.12.27

등록일　　2012.11.30

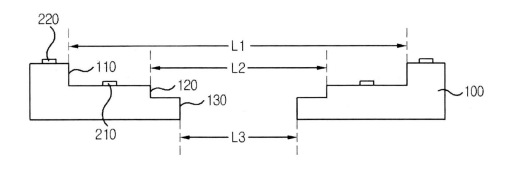

요약

본 발명은 세라믹 기판을 이용한 이미지 센서 패키지 및 그의 제조 방법에 관한 것이다.

즉, 본 발명은 상부면에 제 1 홈이 형성되어 있고 상기 제 1 홈에 제 2 홈이 형성되어 있고 상기 제 2 홈에 관통홀이 형성되어 있는 세라믹 바디와, 상기 제 1 홈에 형성된 제 1 전극 패드와, 상기 세라믹 바디의 상부면, 하부면과 양자 중 어느 하나에 형성되며 상기 제 1 전극 패드에 전기적으로 연결된 제 2 전극 패드를 포함하며, 상기 제 1 홈과 상기 제 2 홈이 경사면으로 연결되어 있고, 상기 제 2 홈의 측면이 만나는 영역이 테이퍼 (Taper) 가공되어 있는 세라믹 기판과; 상기 제 1 전극 패드에 전기적으로 연결된 전극 패드를 포함하는 이미지 센서 칩을 포함한다.

출원인　엘지이노텍 주식회사

출원일　2010.06.23

등록일　2012.11.30

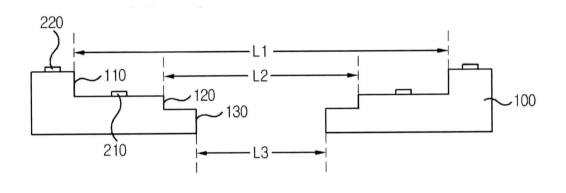

요약

본 발명은 세라믹 기판 및 그의 제조 방법과 이미지 센서 패키지 및 그의 제조 방법에 관한 것이다.

즉, 본 발명의 세라믹 기판은 상부면에 제 1 홈이 형성되어 있고, 상기 제 1 홈에 제 2 홈이 형성되어 있고, 상기 제 2 홈에 관통홀이 형성되어 있는 세라믹 바디와; 상기 제 1 홈에 형성된 제 1 전극 패드와; 상기 세라믹 바디의 상부면, 하부면과 양자 중 어느 하나에 형성되며, 상기 제 1 전극 패드에 전기적으로 연결된 제 2 전극 패드를 포함한다.

출원인 한국세라믹기술원

출원일 2008.11.27

등록일 2011.04.19

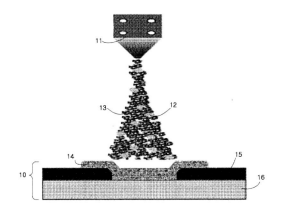

요약

본 발명에 의한 가스센서는 p형 반도성 세라믹 분말과 n형 반도성 세라믹 분말의 복합체 (composite) 세라믹 후막소자를 구비하여 무작위형 복수 계면(multi interface)의 p-n 접합구조를 가지는 일체형 환경감시용 세라믹 가스센서이다. 이때, 상기 세라믹 후막소자는 상기 p형 반도성 세라믹 분말과 n형 반도성 세라믹 분말을 혼합하여 상온에서 에어로졸 증착함으로써 형성된다.

출원인   한국전기연구원

출원일   2008.11.04

등록일   2011.01.25

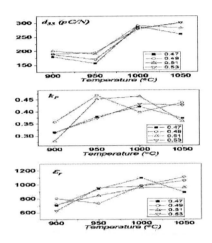

요약

본 발명은 납이 함유되지 않은 비납계 압전 세라믹 조성물과 그의 제조방법에 관한 것으로서, 보다 상세하게는 센서 및 액추에이터에 적용될 수 있는 우수한 전기기계결합계수 및 압전특성을 지닌 납이 함유되지 않은 압전 세라믹 조성물 및 그 제조방법에 관한 것이다.

본 발명의 압전 센서 및 액추에이터용 비납계 압전 세라믹 조성물은 x Na(Nb0.8Ta0.2)O3 - y K(Nb0.8Ta0.2)O3 - z Li(Nb0.8Ta0.2)O3의 분말 1mol 대비 a mol의 비율로 Li2CO3 가 첨가된 조성을 갖되, 상기 x는 0.47 이상 0.53 이하이고, y는 0.98-x이고, z는 0.02이며, a는 0.01이다. 보다 바람직하게는 상기 x는 0.51이다.

출원인	전자부품연구원
출원일	2004.08.02
등록일	2006.12.05

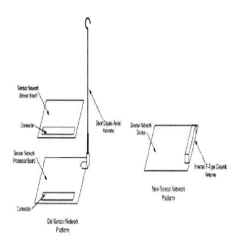

요약

본 발명은 유비쿼터스 컴퓨팅 환경의 센서 네트워크(Sensor Network) 노드 장치의 구조에 관한 것으로서, 세라믹 안테나를 채택하고 센서부와 통신부가 일체로 구성된다. 본 발명이 제안하는 방식대로 세라믹 안테나를 사용하여 센서 네트워크 노드 플랫폼을 구현한다면, 기존 플랫폼 대비 동일 기능의 제공은 물론이고, 괄목할 만큼의 플랫폼 사이즈 축소를 실현 할 수 있다. 그리고 안테나가 막대기 모양으로 밖으로 돌출됨으로 인해 관리, 보관상에서 생길 수 있는 불편함, 그리고 배치 과정에서의 문제점들도 동시에 해결가능하다.

9. 참고문헌

1. 4차 산업혁명 주요 테마 분석 - 관련 산업을 중심으로, 박승빈, 통계청
2. 품목별 보고서-빅데이터, 글로벌ICT포털, 정보통신산업진흥원, 2019
3. 인공지능의 시대, 우리는 무엇을 준비해야 하나, KISTEP 수요포럼, 2020.04.29
4. 인공지능(AI) 로봇 시장, 연구개발특구진흥재단, 2020.02
5. 포스트 코로나 시대, 클라우드의 부상, 코스콤 리포트, 2020.09.11
6. 제조용 IoT, KISTEP 기술동향브리프, 한국과학기술기획평가원, 2020
7. 4차 산업혁명 대응 세라믹산업 발전방한 수립 연구, 한국세라믹기술원, 2017.07
8. 2016 세라믹 기술백서, 한국세라믹기술원, 2016.11
9. 쎄노택, 한국 IR 협의회, 2020.04.23
10. 중소·중견기업 기술로드맵 2018-2020 금속및세라믹소재, 중소기업청
11. 첨단세라믹 산업현황 및 성장기업 분석을 통한 정책지원방안 수립, 기술과가치, 2017.11
12. 중소·중견기업 기술로드맵 2017-2019 세라믹소재, 중소기업청
13. 과학기술&ICT 정책·기술 동향, 한국과학기술기획평가원, 2020.11.20
14. 소재·부품·장비 산업 정책 분석, 국회예산정책처, 2020
15. 스마트 팩토리 기술 및 산업 동향, 조혜지, 김용균, 정보통신기술진흥센터, 2018.06.06
16. 2020 스마트제조 시장 전망 : 국내 스마트제조시장의 위기와 기회, HOT WINDOW, 2020.03
17. 포스코 ICT, 한국IR협의회, 2020.09.03

초판 1쇄 인쇄 2018년 8월 20일
초판 1쇄 발행 2018년 8월 24일
개정판 발행 2021년 1월 25일

편저 ㈜비피기술거래
펴낸곳 비티타임즈
발행자번호 959406
주소 전북 전주시 서신동 780-2 3층
대표전화 063 277 3557
팩스 063 277 3558
이메일 bpj3558@naver.com
ISBN 979-11-6345-228-7 (13550)

이 도서의 국립중앙도서관 출판예정도서목록(CIP)은 서지정보유통지원시스템 홈페이지
(http://seoji.nl.go.kr)와 국가자료공동목록시스템 (http://www.nl.go.kr/kolisnet)에서 이용
하실 수 있습니다.